Advances in Anatomy, Embryology and Cell Biology
Ergebnisse der Anatomie und Entwicklungsgeschichte
Revues d'anatomie et de morphologie expérimentale

Springer-Verlag   Berlin   Heidelberg   New York

This journal publishes reviews and critical articles covering the entire field of normal anatomy (cytology, histology, cyto- and histochemistry, electron microscopy, macroscopy, experimental morphology and embryology and comparative anatomy). Papers dealing with anthropology and clinical morphology will also be accepted with the aim of encouraging co-operation between anatomy and related disciplines.

Papers, which may be in English, French or German, are normally commissioned, but original papers and communications may be submitted and will be considered so long as they deal with a subject comprehensively and meet the requirements of the Ergebnisse.

For speed of publication and breadth of distribution, this journal appears in single issues which can be purchased separately; 6 issues constitute one volume.

It is a fundamental condition that submitted manuscripts have not been, and will not simultaneously be submitted or published elsewhere. With the acceptance of a manuscript for publication, the publishers acquire full and exclusive copyright for all languages and countries.

25 copies of each paper are supplied free of charge.

Les résultats publient des sommaires et des articles critiques concernant l'ensemble du domaine de l'anatomie normale (cytologie, histologie, cyto et histochimie, microscopie électronique, macroscopie, morphologie expérimentale, embryologie et anatomie comparée. Seront publiés en outre les articles traitant de l'anthropologie et de la morphologie clinique, en vue d'encourager la collaboration entre l'anatomie et les disciplines voisines.

Seront publiés en priorité les articles expressément demandés nous tiendrons toutefois compte des articles qui nous seront envoyés dans la mesure où ils traitent d'un sujet dans son ensemble et correspondent aux standards des «Résultats». Les publications seront faites en langues anglaise, allemande et française.

Dans l'intérêt d'une publication rapide et d'une large diffusion lestravaux publiés paraitront dans des cahiers individuels, diffusés séparément: 6 cahiers forment un volume.

En principe, seuls les manuscrits qui n'ont encore été publiés ni dans le pays d'origine ni à l'étranger peuvent nous être soumis. L'auteur d'engage en outre à ne pas les publier ailleurs ultérieurement.

Les auteurs recevront 25 exemplaires gratuits de leur publication.

Die Ergebnisse dienen der Veröffentlichung zusammenfassender und kritischer Artikel aus dem Gesamtgebiet der normalen Anatomie (Cytologie, Histologie Cyto- und Histochemie, Elektronenmikroskopie, Makroskopie, experimentelle Morphologie und Embryologie und vergleichende Anatomie). Aufgenommen werden ferner Arbeiten anthropologischen und morphologisch-klinischen Inhaltes, mit dem Ziel, die Zusammenarbeit zwischen Anatomie und Nachbardisziplinen zu fördern.

Zur Veröffentlichung gelangen in erster Linie angeforderte Manuskripte, jedoch werden auch eingesandte Arbeiten und Originalmitteilungen berücksichtigt, sofern sie ein Gebiet umfassend abhandeln und den Anforderungen der „Ergebnisse" genügen. Die Veröffentlichungen erfolgen in englischer, deutscher und französischer Sprache.

Die Arbeiten erscheinen im Interesse einer raschen Veröffentlichung und einer weiten Verbreitung als einzeln berechnete Hefte; je 6 Hefte bilden einen Band.

Grundsätzlich dürfen nur Arbeiten eingesandt werden, die nicht gleichzeitig an anderer Stelle zur Veröffentlichung eingereicht oder bereits veröffentlicht worden sind. Der Autor verpflichtet sich, seinen Beitrag auch nachträglich nicht an anderer Stelle zu publizieren.

Die Mitarbeiter erhalten von ihren Arbeiten zusammen 25 Freiexemplare.

Manuscripts should be addressed to/Envoyer les manuscrits à/Manuskripte sind zu senden an:

Prof. Dr. A. Brodal, Universitetet i Oslo, Anatomisk Institutt, Karl Johans Gate 47 (Domus Media), Oslo 1/Norwegen

Prof. W. Hild, Department of Anatomy. The University of Texas Medical Branch, Galveston, Texas 77550 (USA)

Prof. Dr. J. van Limborgh, Universiteit van Amsterdam, Anatomisch-Embryologisch Laboratorium, Amsterdam-O/Holland, Mauritskade 61

Prof. Dr. R. Ortmann, Anatomisches Institut der Universität, D-5000 Köln-Lindenthal, Lindenburg

Prof. Dr. T. H. Schiebler, Anatomisches Institut der Universität, Koellikerstraße 6, D-8700 Würzburg

Prof. Dr. G. Töndury, Direktion der Anatomie, Gloriastraße 19, CH-8006 Zürich

Prof. Dr. E. Wolff, Collège de France, Laboratoire d'Embryologie Expérimentale, 49 bis Avenue de la belle Gabrielle, Nogent-sur-Marne 94/France

Advances in Anatomy, Embryology and Cell Biology
Ergebnisse der Anatomie und Entwicklungsgeschichte
Revues d'anatomie et de morphologie expérimentale

50 · 6

Editors

A. Brodal, Oslo · W. Hild, Galveston · J. van Limborgh, Amsterdam · R. Ortmann, Köln
T. H. Schiebler, Würzburg · G. Töndury, Zürich · E. Wolff, Paris

Morphologie der Papillae fungiformes

Rasterelektronenmikroskopische,
licht- und elektronenmikroskopische Untersuchungen

Hans Willi Beckers

I. Zur Morphologie der Papilla fungiformis einiger Primaten
und des Menschen

Mit 29 Abbildnngen

Walter Eisenacher

II. Zur Morphologie der Papilla fungiformis einiger Nagetiere

Mit 28 Abbildungen

Springer-Verlag Berlin Heidelberg GmbH

Dr. Hans Willi Beckers
Dr. Walter Eisenacher
Anatomisches Institut der Universität Köln
5000 Köln 41, Lindenburg
Bundesrepublik Deutschland

Library of Congress Cataloging in Publication Data

Main entry under title:

Morphologie der Papillae fungiformes.

(Advances in anatomy, embryology, and cell biology; v. 50, fasc. 6)
Summaries in English.
Includes bibliographies and index.
CONTENTS: Beckers, H. W. Zur Morpholgie der Papilla fungiformis einiger Primaten und des Menschen.—Eisenacher, W. Zur Morphologie der Papilla fungiformis einiger Nagetiere.
1. Fungiform papilla. I. Beckers, Hans Willi, 1947—Zur Morphologie der Papilla fungiformis einiger Primaten und des Menschen. 1975. II. Eisenacher, Walter, 1946—Zur Morphologie der Papilla fungiformis einiger Nagetiere. 1975. III. Series. QL801.E67 vol. 50, fasc. 6 [QL945] 574.4′08s 75-11700

ISBN 978-3-540-07098-6   ISBN 978-3-662-01071-6 (eBook)
DOI 10.1007/978-3-662-01071-6

Inhalt

I. Zur Morphologie der Papilla fungiformis einiger Primaten und des Menschen

II. Zur Morphologie der Papilla fungiformis einiger Nagetiere

I. Zur Morphologie der Papilla fungiformis einiger Primaten und des Menschen

Einleitung

Die Papillae filiformes sind aufgrund des Innervationsmodus eindeutig als Tastsinnesorgan identifiziert (Kunze, 1969), den Papillae valatae und foliatae ordnet man die Geschmacksrezeption zu. Die Papillae fungiformes werden in den einschlägigen Lehrbüchern vorwiegend als Geschmackspapillen angesehen, obwohl schon Rein (1925) und Strughold (1925) besonders in den fungiformen Papillen der Zungenspitze zusätzlich Thermorezeptoren vermuten und Nakai (1960) Endkörperchen vom Typ der Genitalkörperchen, also Tastrezeptoren, nachweisen konnte. Ob diese Aufgaben den fungiformen Papillen sicher zuzuschreiben sind, ist bis heute nicht geklärt.

In der vorliegenden Arbeit wird die Papilla fungiformis von Javaner- und Rhesusaffen, sowie von Schimpanse und Mensch in ihrer Gesamtheit licht- und elektronenoptisch, wie auch rasterelektronenmikroskopisch untersucht. Die Struktur der am Aufbau beteiligten Elemente wird dargestellt. Anatomische Besonderheiten zwischen Nerven, Gefäßen und Epithel sollen in einen funktionellen Zusammenhang gebracht werden. Im Hinblick auf die differierenden Aspekte zur Deutung der Funktion der Papilla fungiformis gilt das Hauptinteresse der Innervation, der Ausformung subepithelialer Nervenplexus, spezifisch differenzierter Endkörperchen und den intraepithelialen Nervenendigungen.

Mit Hilfe der drei verschiedenen Untersuchungsmethoden soll ein Beitrag zu Morphologie und Funktion der Papilla fungiformis in der aufsteigenden Primatenreihe geleistet werden.

Material und Methode

Untersucht wurden Papillae fungiformes der Zungenspitze, des vorderen, mittleren und hinteren Drittels von einem Javaneraffen (Macaca irus 1), einem Rhesusaffen (Macaca mulatta 2), einem Schimpansen (Pan troglodytes 3) und von zwei Menschen (4).

Die Papillae fungiformes des Rhesusaffen, des Schimpansen und des Menschen wurden licht- und rasterelektronenmikroskopisch untersucht und die des Rhesus- und Javaneraffen elektronenoptisch.

Licht- und Elektronenmikroskopie. Javaneraffe, männl., 4 Jahre (Perfusionsfixierung mit 6%igem Glutaraldehyd in 0,2 mol Phosphatpuffer). — *Rhesusaffe*, männl., über 7 Jahre, 6800 g [Perfusionsfixierung mit 3,5%iger gepufferter Glutaraldehydlösung (pH 7,4) mit Zusatz von 4% PVP und Novocain (20 min).] — *Schimpanse*, männl., 11 Jahre, 51 kg (Perfusionsfixierung mit 4%igem neutralen Formol mit Zusatz von 7,5% Saccharose). Entnahme

Für die Überlassung des Materials danke ich Herrn Prof. Holstein, Anatomisches Institut Hamburg (1); Herrn Prof. Hofmeister, Fa. Bayer Wuppertal (2); Herrn Wallpott, Köln (3) und Herrn Prof. Dotzauer, Gerichtsmedizinisches Institut der Universität Köln (4).

der Zunge und nachträgliche Stückfixierung in gepuffertem 3,5%igem Glutaraldehyd (pH 7,8). — *Mensch*, a) Perfusionsfixierung über die Vena lingualis mit gepuffertem 3,5%igem Glutaraldehyd (pH 7,4) und b) Stückfixierung in 4%igem neutralem Formol (96 Std).

Entnahme der Zungenstücke und anschließendes Auswaschen mit Phosphatpuffer (pH 7,4, 5% Saccharose). Nachfixierung mit 4%iger ungepufferter OsO_4-Lösung. Alle Proben wurden nach Entwässerung in aufsteigender Alkoholreihe in Araldit eingebettet. Semi- und Ultradünnschnitte mit dem Reichert-Ultramikrotom OmU2.

Die lichtoptische Untersuchung erfolgte anhand von Semidünnschnittserien (Schnittdicke: 1 μ). Die Schnitte wurden nach einer Modifikation von Richardson mit Azur-II-Methylenblau gefärbt. Die lichtoptischen Aufnahmen erfolgten mit dem Ultraphot II der Fa. Zeiss.

Zur elektronenmikroskopischen Untersuchung wurden die Schnitte mit Uranylacetat und Bleicitrat nachkontrastiert. Die Aufnahmen erfolgten mit dem Siemens-Elmiskop-101A bei einer Beschleunigungsspannung von 80 kV, und dem EM 9S der Fa. Zeiss.

Rasterelektronenmikroskopische Untersuchung. Behandlung der Zungenstücke wie für die Licht- und Elektronenmikroskopie einschließlich der Entwässerung in der aufsteigenden Alkoholreihe. Verdrängen des Alkohols in aufsteigender Frigen-11-Reihe.

Schonende Dehydratation und Trocknung durch das CPA-Verfahren (Fromme *et al.*, 1972). Bedampfen der Proben mit Kohle und Gold. Rasterelektronenmikroskopische Aufnahmen mit dem JSM-S1 der Firma Jeol bei einer Beschleunigungsspannung von 10 kV.

Rekonstruktionen. Die Rekonstruktion der Bindegewebspapille, des Nerven- und Gefäßverlaufes von Rhesus und Mensch erfolgte mit dem Perspektomat der Fa. Forster (Schweiz) anhand von Semidünnschnittserien. Der Projektionswinkel betrug 30°.

Ergebnisse

A. Rasterelektronenmikroskopische Befunde

Die Papillae fungiformes liegen unregelmäßig verteilt zwischen den meist parallel verlaufenden Reihen der Papillae filiformes und werden von diesen durch Hornfäden überragt.

Die Verteilung der Papillae fungiformes auf dem Zungenrücken ist bei allen untersuchten Formen, Macaca, Pan und Mensch gleichartig. Man findet sie am häufigsten an der Zungenspitze, ihre Zahl nimmt dann über die Seitenfläche zur Zungenwurzel hin ab.

Die Form der Papillae fungiformis ist rundlich, sie wird durch einen meist deutlich ausgeprägten Ringwall bestimmt (Abb. 1, 2a, 3a).

Die Oberflächenstruktur der fungiformen Papille weist bei den untersuchten Formen Unterschiede auf. Beim Rhesusaffen ist sie leicht gewölbt und besitzt zahlreiche Schuppen, die von desquamierenden Epithelzellen stammen. Größere Zellkomplexe schieben sich aus der Tiefe des Grabens, der die Papille vom Ringwall trennt, auf die Oberfläche. Kleinere, die in der Papillenmitte gelegen sind, heben sich von ihrer Unterlage ab (Abb. 1, 4c).

Vom Papillenrand ziehen vom Graben her Furchen in die Mitte. Im Zentrum der Oberfläche beobachtet man ähnliche Einkerbungen. Bei stärkerer Vergrößerung zeigt sich auf der Oberfläche der Papilla fungiformis eine zarte Felderung, es handelt sich um polygonale Epithelzellen, die entweder engen Kontakt untereinander zeigen, oder sich an den Zellgrenzen etwas abheben. Die Zelloberfläche selbst ist beim Rhesusaffen und Schimpansen stark granuliert (Abb. 3b, 4c).

Die Papilla fungiformis des Schimpansen zeigt aufgrund der Oberflächenstruktur unterschiedliche Formen. Man beobachtet typisch pilzförmige Papillen

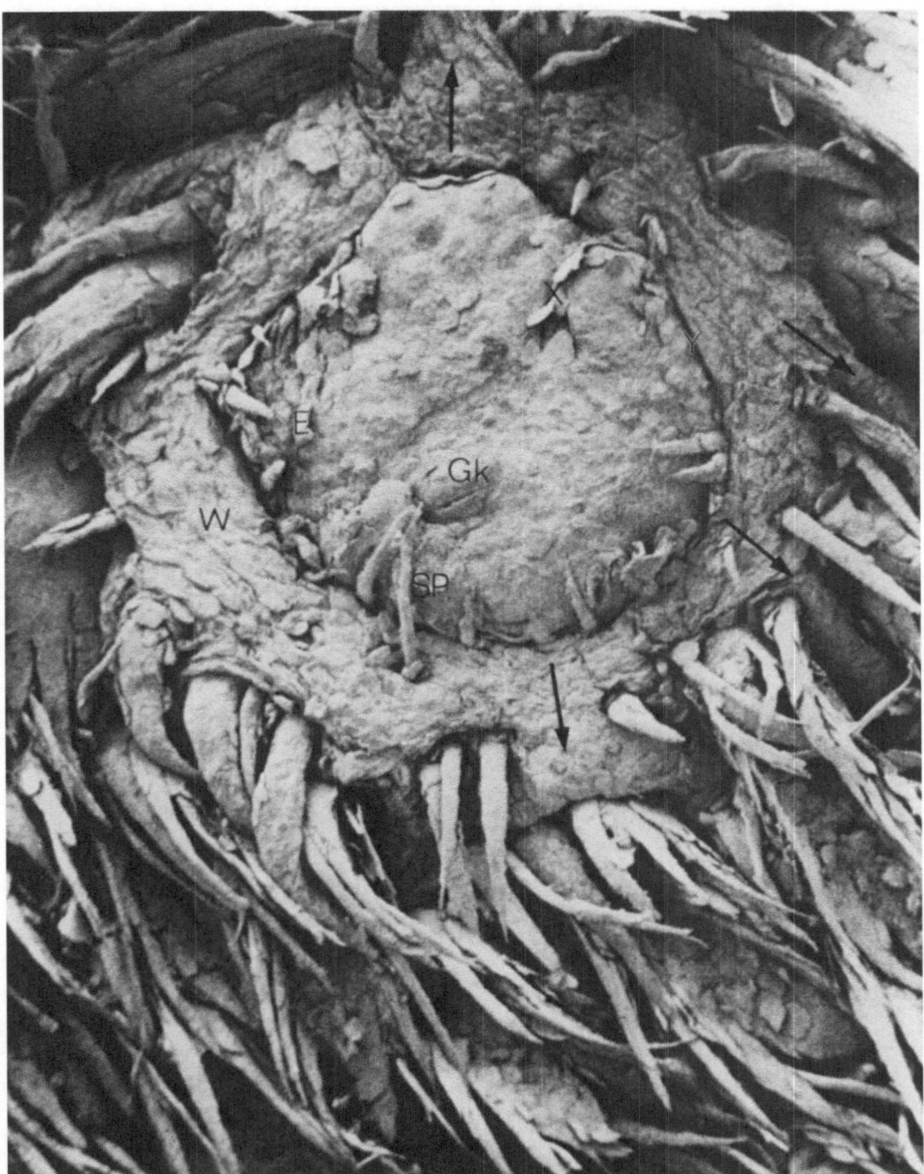

Abb. 1. Papilla fungiformis, Rhesusaffe. Die Oberfläche der Papilla fungiformis zeigt am Rand und in der Mitte Einkerbungen (X), sowie desquamierende Epithelzellschuppen (E). Zwischen Ringwall (W) und Papille liegt der Graben (Y). Der Ringwall setzt sich in die Grundstöcke der Papillae filiformes fort (Pfeile). Poren der Geschmacksknospen (Gk), verhornte Spitzen der Sekundärpapillen (SP). Vergr. 1:80

mit leicht gewölbter, glatter Oberfläche und solche mit flacher Oberfläche. Eine weitere Form zeichnet sich durch vom Graben zur Mitte verlaufende, parallel ausgerichtete Vertiefungen aus (Abb. 3a, 4a).

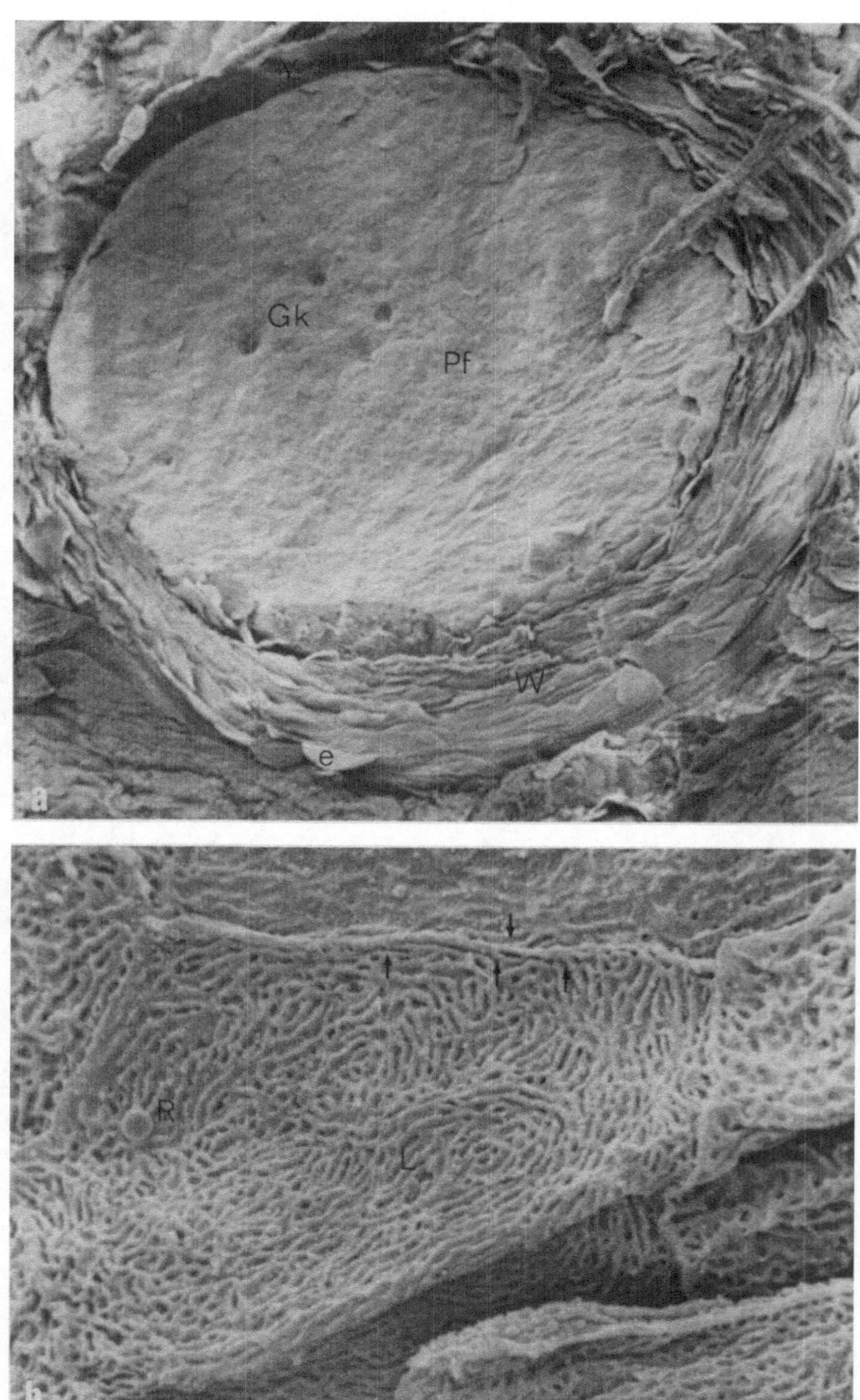
Gk
Pf
W
e
a
R
L
b

Auch bei der menschlichen Papilla fungiformis beobachtet man unterschiedliche Oberflächengestaltung. Papillen, tief zwischen die Fadenpapillen eingelagert, besitzen eine rundliche, kuppelartige Form, während die größeren mehr das Aussehen einer flachen Scheibe haben, die bisweilen im Zentrum etwas einsinkt. Der Übergang von der horizontalen Oberfläche in den Graben ist bei den letzteren sehr scharf (Abb. 2a). Die Epithelzellen der menschlichen Papilla fungiformis zeigen auf der Oberfläche ein dichtes, feinmaschiges Leistennetz mit ungeordneter Verlaufsrichtung. Bei stärkerer Vergrößerung erkennt man auf den Leisten selbst eine Eigenstruktur. Die Leisten, die die Epithelzellen begrenzen, sind voluminöser als im Zentrum, möglicherweise durch Einstrahlung der randständigen Leisten (Abb. 2b). Insgesamt jedoch wirkt die Oberfläche der Papilla fungiformis von Schimpanse und Mensch strukturärmer.

Die Oberfläche der Papilla fungiformis zeigt im Zentrum kleiner, halbkugeliger Erhebungen feine Poren der Geschmacksknospen. Teilweise sind sie ringsum von abgeschilferten, ineinander verschachtelten Epithelzellen, meist 6—7 in der Anzahl, umkleidet, oder unter diesen mehr oder weniger versteckt. Die Poren liegen sowohl im Zentrum als auch am Rande der Papilla fungiformis (Abb. 1, 2a, 3b).

Auf der Oberfläche der Papille des Schimpansen und Menschen beobachtet man daneben einfache, trichterförmige Vertiefungen, in denen die Geschmacksporen liegen (Abb. 2a). Diese sind häufig durch polymorphe Elemente verschlossen, die aus kleinen rundlichen Strukturen bestehen. Um diese Poren liegen meist nur 1—2 Epithelzellen.

Bei Rhesus können am vorliegenden Material 7, beim Schimpansen 9 und beim Menschen 12 Geschmacksknospen auf einer Papilla fungiformis beobachtet werden. Die Zahlen sind jedoch nur Annäherungswerte, da einige Öffnungen durch Epithelschuppen oder Einlagerung kleinzelliger Elemente verdeckt sind und damit nicht erfaßt werden können. Jedoch zeigen Semidünnschnittserien, daß bei Rhesus 8—10, beim Schimpansen 9—12 und beim Menschen bis zu 22 Geschmacksknospen auf einer Papilla fungiformis vorhanden sein können.

An der Peripherie des bei jeder Art um die Papilla fungiformis ziehenden Grabens erhebt sich ein Ringwall (Abb. 1, 2a, 4a, b). Bei der Papille des Rhesusaffen besteht dieser aus kräftigen Lagen dicker, konzentrischer Lamellen. Bei niedriger Vergrößerung erscheint der Wall als eine dicke Schicht, weil die Oberkanten abgerundet sind und sich übereinanderlegen. Bei günstiger Aufnahmerichtung fällt auf, daß sich der Wall um die Papilla fungiformis in die Grundleisten der Papillae filiformes fortsetzt. Meist sind es 7 Ausläufer des Walles, die in die Grundstöcke der Fadenpapillen einstrahlen. Grundleisten, die senkrecht den Wall treffen, setzen sich auf der Gegenseite in gleicher Richtung fort. Tangential einstrahlende Leisten werden nur leicht versetzt weitergeleitet (Abb. 1). Beim Menschen findet man einen ähnlichen Wall (Abb. 2a).

Abb. 2a u. b. Papilla fungiformis, Mensch. (a) Zentrum der Papille (*Pf*) mit Graben (*Y*) und Ringwall (*W*) aus konzentrisch angeordneten Epithelzellamellen (*e*). Sekundärpapillen fehlen. Trichterförmige Poren der Geschmacksknospen (*Gk*). Vergr. 1:90. (b) Oberfläche einer Epithelzelle mit auffallend dichtem, feinmaschigem Leistennetz (*L*). Die Zellgrenzen sind durch die einstrahlenden Leisten (Pfeil) verdickt. Lymphocyt (*R*). Vergr. 1:3750

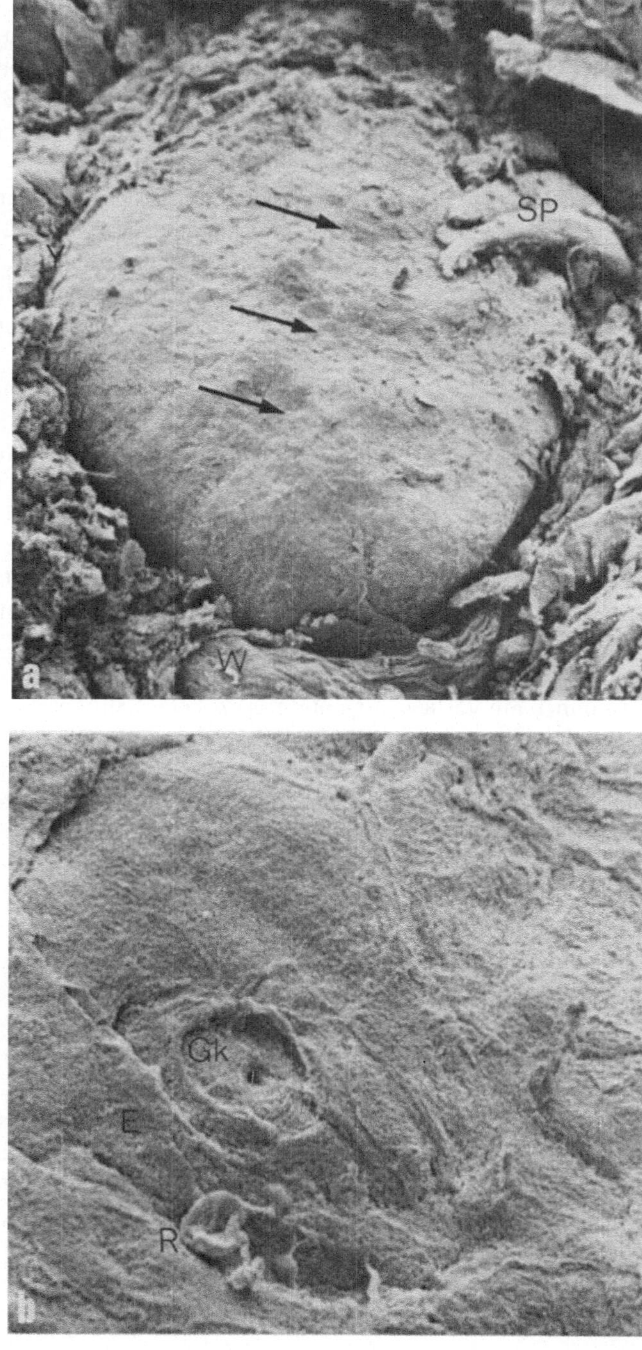

Abb. 3a u. b. Papilla fungiformis, Schimpanse. (a) Leicht gewölbte Papillenoberfläche mit parallelverlaufenden Furchen (Pfeile). Den zentralen Papillenteil umgibt ein deutlicher Graben (*Y*). Schwach ausgeprägter Ringwall (*W*). Sekundärpapillen (*SP*). Vergr. 1:80. (b) Ausschnitt aus Abb. 3a. Der Porus der Geschmacksknospe (*Gk*) an der Oberfläche der Papilla fungiformis wird von mehreren Epithelzellen (*E*) gebildet. Beachte die Oberflächenstruktur der Epithelzellen. Lymphocyt (*R*). Vergr. 1:1350

Abb. 4. (a) Papilla fungiformis, Schimpanse. Aus dem Graben (Y) ragen plumpe, gefiederte sowie ungeteilte, verhornte Spitzen der Sekundärpapillen (SP). Vergr. 1:75. (b) Papilla fungiformis, Schimpanse. Feine, einfache Hornfäden (SP) aus konzentrisch angeordneten Epithelschuppen liegen zwischen Ringwall (W) und Graben (Y). Die Randregion der Papille zeigt stark verhornte desquamierende Epithelschuppen (E). Vergr. 1:110. (c) Papilla fungiformis, Rhesusaffe, Grabenregion. Sekundärpapillen (SP) ragen als feine Hornfäden aus dem Graben (Y) und dem, aus kräftigen Epithellamellen (l) bestehenden Ringwall (W). Epithelzellen (E) auf der Oberfläche der Papille heben sich teilweise ab (Pfeil) und besitzen ein mehr granuläres Relief (g). Vergr. 1:520

Abb. 5. Ausschnitt aus einer Papilla fungiformis des Rhesusaffen. Eine aus konzentrisch angeordneten Epithelschuppen (l) aufgebaute Sekundärpapille (SP) durchdringt den Papillengraben (Y). Vergr. 1:460

Sowohl aus dem Graben als auch aus dem Wall um die Papilla fungiformis des Rhesusaffen dringen spitze, lange Hornfäden durch das Epithel der Zungenoberfläche. Sie besitzen charakteristische Form und Lage. Im Epithelniveau bestehen sie aus mehreren Lagen konzentrischer Lamellen, die ineinander verschachtelt sind. Zur Spitze gehen sie immer mehr verloren, bis sie zu dünnen, ungeteilten Fäden auslaufen. Neben solchen mit rundem Querschnitt findet man andere mit ovalem oder spindeligem Profil. Meist biegen sie zum Zentrum der Papilla fungiformis um. Die aus dem Graben hochsteigenden Hornfäden legen sich sofort der Oberfläche der Papille an. Sie sind wesentlich kürzer und plumper als die anderen (Abb. 1, 3a, 4a, b, c, 5). Während an der menschlichen Papilla fungiformis derartige Strukturen oberhalb des Epithels nicht nachweisbar sind, haben sie beim Schimpansen eine plumpe, gedrungene Gestalt. Sie sind hier nicht so zahlreich vertreten (Abb. 3a, 4a, b). Jedoch findet man in der Umgebung bizarre, stark gefiederte und mehrfach geteilte Hornfäden, die denen der Papilla filiformis ähnlich sind, und sich recht weit von der Primärpapille entfernen können.

B. Lichtmikroskopische Befunde

Anhand von Semidünnschnitten wurden die Papillae fungiformes von Macaca mulatta (Rhesus), Schimpanse und Mensch lichtoptisch untersucht und die Bindegewebspapille, Gefäßabschnitte und der Nervenverlauf zur detaillierten Beschreibung rekonstruiert.

1. Form und Gestalt der Bindegewebspapille

Der Querschnitt der Bindegewebspapille ist bei allen untersuchten Arten in verschiedenen Schnittebenen rundlich-oval (Abb. 6, 7). Der Längsschnitt weist in seiner Form bei den einzelnen Arten jedoch Unterschiede auf. Beim Rhesusaffen findet man eine Keulenform (Abb. 6). Die Bindegewebspapille ist apikal relativ breit, verjüngt sich allmählich nach basal, und läuft im unteren Drittel zur Tunica propria mucosae auseinander. Die Papille weist bei Rhesus eine Höhe von ca. 1 mm auf und einen Durchmesser von ca. 0,2—0,3 mm. Die Primärpapille des Menschen erscheint gedrungener (ca. 0,9—0,95 mm) und breiter (ca. 0,5—0,56 mm) (Abb. 7). Die des Schimpansen nimmt eine Zwischenstellung ein. Sie ist kleiner als die des Menschen und etwas schmaler. Somit weist die Bindegewebspapille des Rhesusaffen unter den untersuchten Formen die größte Länge und den geringsten Durchmesser auf.

Zur Zungenoberfläche bildet die Primärpapille kleine Bindegewebsfortsätze unterschiedlicher Anzahl und Struktur aus (Abb. 6, 7, 10a). Neben gratartig auslaufenden findet man überwiegend kegelförmige Zapfen. Die Anzahl nimmt vom Rhesusaffen (30—40) über Schimpanse (20—30) zum Menschen (15) ab, wo die Fortsätze in parallel angeordnete Bindegewebswälle einstrahlen. Zwischen den Zapfen liegen unterschiedlich viele Geschmacksknospen. Sie sind bis auf die des Schimpansen allseitig von Epithel umkleidet und berühren mit ihrer Basis das Bindegewebe, wo zahlreiche Nervenfasern herantreten (Abb. 10b). Man findet die Knospen in der Papillenmitte sowie am Rande der Papille (Abb. 6, 7).

Nach basal strahlen die zentral gelegenen Zapfen ins Bindegewebe der Primärpapille oder der Wälle ein, während sich die randständigen in seitlich angeordnete Bindegewebsleisten (= Rippen, Rillen) fortsetzen (Abb. 6, 7). Die größte Zahl an solchen Leisten findet man beim Rhesusaffen. Sie sind radiär gleichmäßig verteilt, so daß der einzelne Papillenquerschnitt ein regelmäßig strahlenartiges Aussehen erhält (Abb. 6, 8, 9a). Die Leisten der menschlichen Papille und besonders die des Schimpansen sind nicht so zahlreich, sie stellen sich weder als feine Rippen dar, noch weisen sie eine streng radiäre Ausrichtung auf. Sie imponieren als breite, ungeordnete Wülste (Abb. 7). Die Leisten laufen zur Basis hin abflachend aus. Beim Schimpansen lassen sie sich weit nach basal verfolgen. An der Basis sind die Bindegewebspapillen, abgesehen von flachen Einkerbungen ins Epithel, rundlich-oval.

In die seitlichen leisten- oder wulstartigen Ausläufer des Bindegewebsgrundstocks münden mehr oder weniger voluminöse Sekundärpapillen (Abb. 9b). Bei Rhesus findet man 23 Sekundärpapillen, beim Menschen sind sie am zahlreichsten (44), während sie beim Schimpansen (30—40) die größte Länge besitzen. Bei dieser Spezies entspringen breite Sekundärpapillen kurz oberhalb der Basis, und sie teilen sich nach kurzem Verlauf in 2—6 Tertiärpapillen. Die Aufspaltung von

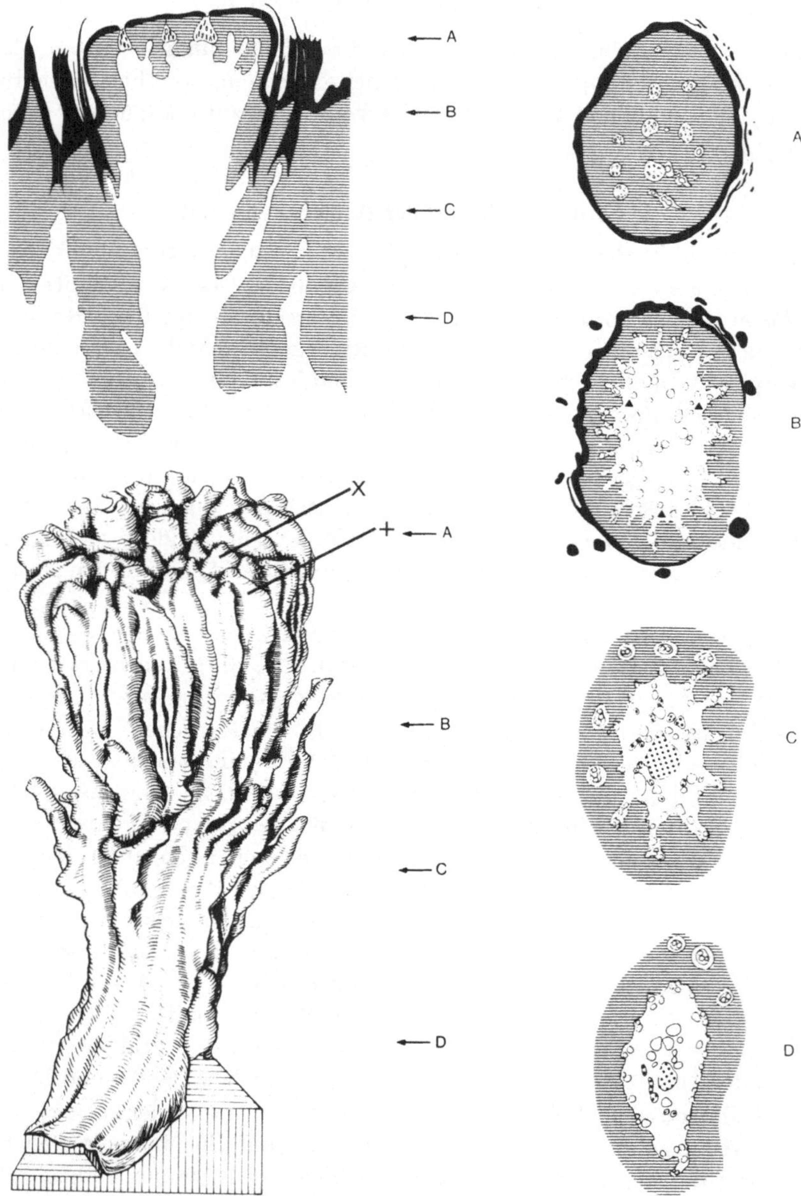

Abb. 6. Papilla fungiformis, Rhesusaffe. Der räumlichen Rekonstruktion der Bindegewebspapille sind ein Sagittalschnitt und vier Horizontalschnitte in den Ebenen A—D gegenüber-
gestellt. Die Oberfläche der Papilla fungiformis besteht aus einer verhornten Epithelkappe,
die bis in den Fundus des Grabens reicht. Graben und Ringwall werden von den verhornten
Spitzen der Sekundärpapillen durchdrungen. Die Geschmacksknospen liegen nur an der
Oberfläche, nicht im Grabenbereich. Die Bindegewebspapille bildet an der Spitze (*A*) Zapfen
und nach lateral Leisten aus, die sich radiär ausrichten (*B*). Unterhalb der Papillenspitze sind
häufig Nervenendstrukturen (Dreiecke) lokalisiert. Nervenfasern sind gleichmäßig über den
Querschnitt verteilt. Auf halber Höhe der Papille (*C*) entspringen die meisten Sekundärpapillen. In dieser Region zweigen viele Seitenäste vom Hauptnervenstamm (Punkt-Raster)
ab. An der Basis (*D*) der Primärpapille haben sich die seitlichen Leisten abgeflacht. Gefäße

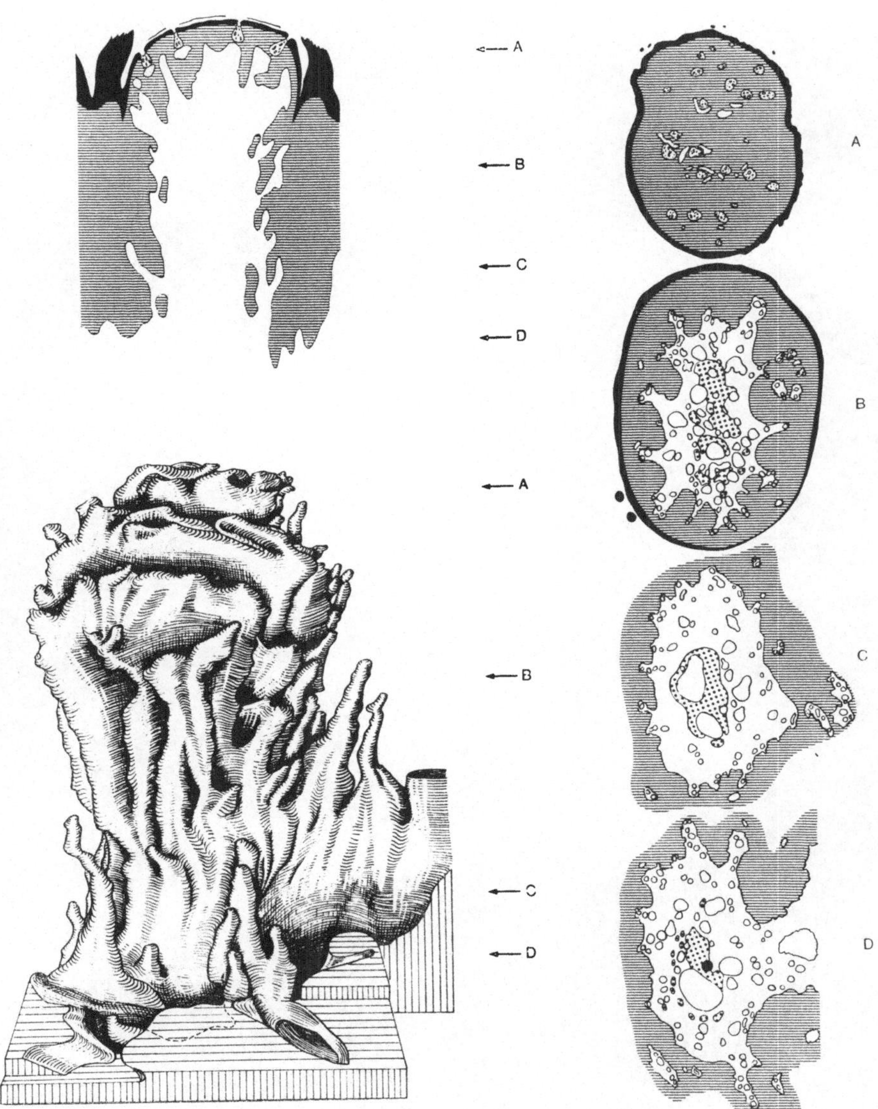

findet man im Zentrum und am Rande der Bindegewebspapille. Der Zapfen ($\times$) enthält
die apikalen Abschnitte des Gefäßsystems A und die benachbarte Leiste ($+$) das Gefäßsystem B (vgl. Abb. 12)

Abb. 7. Papilla fungiformis, Mensch. An der Oberfläche der Papille erkennt man eine kräftige
Hornschicht, die sich bis in die Tiefe des Grabens erstreckt und in den verhornten Ringwall
übergeht. Hornzapfen der Sekundärpapillen vermißt man. Zahlreiche Geschmacksknospen
liegen sowohl zentral, als auch am Rand. Die Spitze der Bindegewebspapille (A) wird von
drei mächtigen Wällen gebildet, die als kleinere Zapfen zur Zungenspitze hin auslaufen.
Ausgeprägte längs verlaufende Wülste stellen das Grenzrelief zum Epithel dar. Sekundärpapillen können sich im oberen Anteil mehrmals aufteilen. Im oberen Drittel (B) beginnt
die Auffaserung des Nervenstammes und die Bildung des subepithelialen Plexus. Zahlreiche
und mächtige Sekundärpapillen entspringen tieferen Regionen der Papille (C). Hier verlieren
die Nerven(Punkt-Raster) ihr Perineurium und umschließen in ihrer Gesamtheit einige
zentrale Gefäße. An der Basis (D) der Papille treten zusätzlich quergestreifte Muskelfasern
auf (dunkler Punkt)

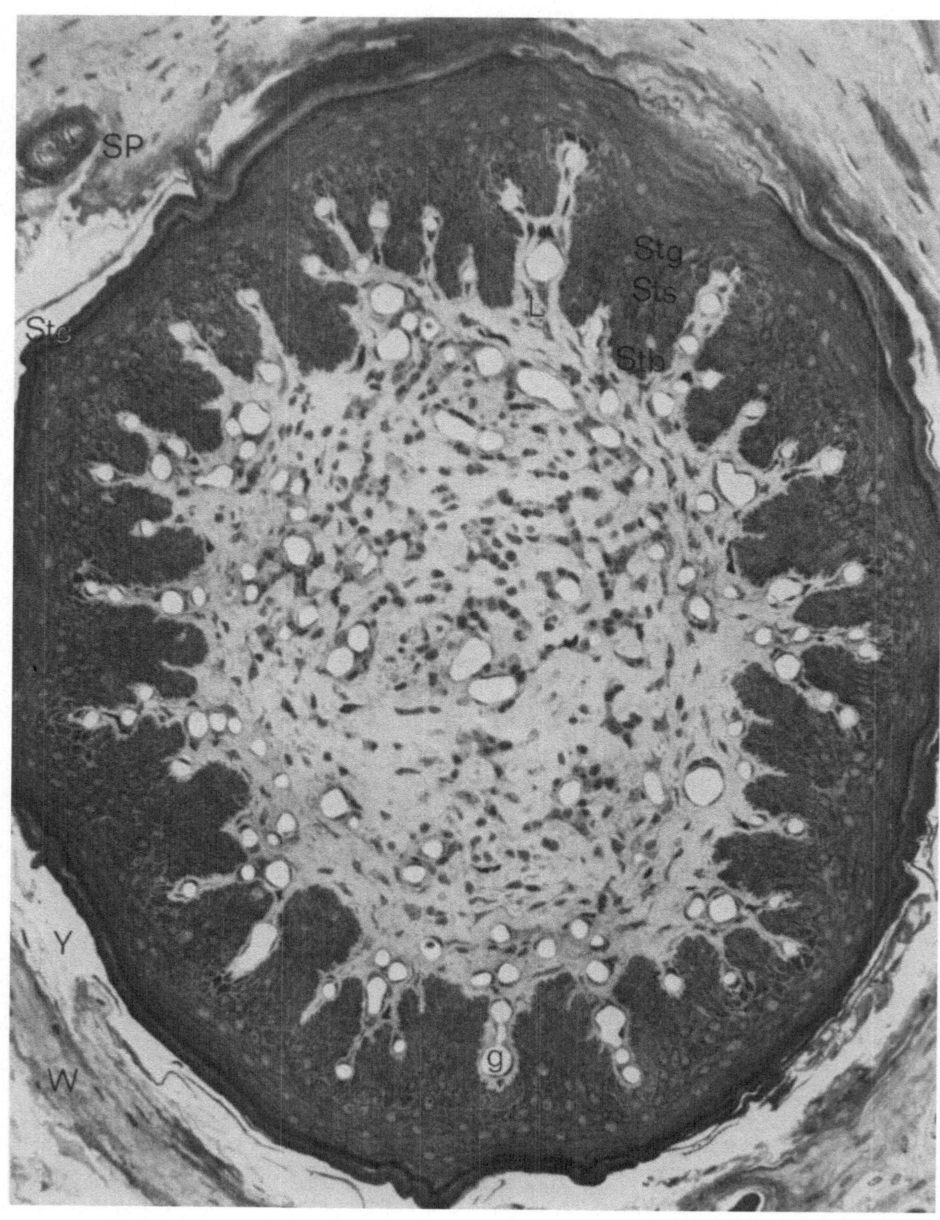

Abb. 8. Papilla fungiformis, Rhesusaffe, oberes Papillendrittel. Radiär angeordnete Leisten (*L*), die sich an der Peripherie aufzweigen können, senken sich in das Epithel. Beachte die reichliche Kapillarisierung (*g*) in den Leisten. In der Primärpapille zellreiches Bindegewebe. Der subepitheliale Nervenplexus hat sich stark entfaltet und reicht bis dicht an das Epithel. Der Graben (*Y*) um die Papille wird vom Ringwall (*W*) begrenzt. Im Ringwall verhorntes Epithel der Sekundärpapillen (*SP*). Stratum basale (*Stb*), Stratum spinosum (*Sts*), Stratum granulosum (*Stg*), Stratum corneum (*Stc*). Vergr. 1:150

Sekundärpapillen beobachtet man beim Menschen seltener, bei Rhesus ließ sie sich nicht nachweisen. Die Sekundärpapillen des Rhesusaffen entspringen in der mittleren Region der Bindegewebspapille, verhornen und durchdringen wie beim Schimpansen die Zungenoberfläche als feine Hornfäden. Die rasterelektronenmikroskopisch im Ringwall beobachteten dünnen, spitzen, fadenförmigen Hornzapfen (Abb. 1, 4, 5) stellen somit Fortsätze der Sekundärpapillen dar, die seitlich der Bindegewebspapille entspringen (Abb. 10a). Die den filiformen Papillen ähnlichen Hornfäden an der Oberfläche der Papilla fungiformis des Schimpansen und Rhesus lassen sich auf der Zungenoberfläche des Menschen nicht nachweisen, dies stimmt mit den rasterelektronenoptischen Befunden überein (Abb. 2a, 7).

2. Faserstrukturen und Zellen der Bindegewebspapille

Bei allen untersuchten Formen besteht die Primärpapille aus einem lockeren Bindegewebe. In den basalen Abschnitten überwiegen Faserstrukturen, die zur Zungenoberfläche immer mehr von Zellelementen überlagert werden (Abb. 10a). Lockere Bündel parallel ausgerichteter kollagener Fasern strahlen aus den benachbarten Papillae filiformes in die epithelnahen Randbezirke des Grundstocks. Zentrale Faserbündel gehen sehnenartig in tiefergelegene vertikal ausgerichtete quergestreifte Muskelfasern über. Nur beim Menschen lassen sich in die Primärpapille einstrahlende Muskelfasern nachweisen (Abb. 7, 11a). Elastische Fasern sind weit spärlicher vorhanden. Man beobachtet sie einerseits in der Nähe von Nerven und Gefäßen, und andererseits im epithelnahen Bindegewebe in den längsverlaufenden Leisten und Sekundärpapillen. Hier zeigen sie ausschließlich vertikale Verlaufsrichtung. In dem vom Hauptnerven gebildeten subepithelialen Plexus an der Papillenspitze bilden sie ein ausgeprägtes Netzwerk.

In den Primär- und Sekundärpapillen findet man zahlreiche freie Bindegewebszellen. Als häufigste Zellarten treten Fibrozyten, seltener Lymphozyten und Granulozyten in Erscheinung. Fibrozyten sind gleichmäßig über den Grundstock verteilt. Häufig beobachtet man Mastzellen in der Nähe von Gefäßen und in epithelnahen Bezirken, die länglich ovale Form haben und mehrere Ausläufer besitzen können. Durch ihre stark angefärbten metachromatischen Granula heben sie sich deutlich von der Umgebung ab (Abb. 9a).

3. Vorkommen quergestreifter Skelettmuskulatur

Beim Rhesusaffen wurden einzelne quergestreifte Muskelfasern beobachtet, die an die Papillenbasis herantreten, jedoch nie in die Primärpapille einstrahlen. In 4 von 6 untersuchten menschlichen Papillae fungiformes ließen sich quergestreifte Muskelfasern innerhalb der Primärpapille nachweisen (Abb. 7). Die Fasern stammen aus dem Musculus verticalis linguae, durchziehen die Lamina propria und strahlen mit einem zur Zungenoberfläche konkaven Bogen in die Bindegewebspapille ein. Insgesamt wurden 20 Muskelfasern gezählt, die in mehreren Bündeln an die Papillenbasis herantreten. Nur 6 Fasern dringen bis in das untere Drittel der Bindegewebspapille. Die 3 längsten Fasern weisen in der Verlaufsrichtung enge Beziehungen zum Hauptnervenstamm und den zentralen Gefäßen auf (Abb. 7). Drei weitere Muskelfasern liegen am Rand des Nerven-Gefäß-Muskelbündels. Horizontalschnitte zeigen, daß sich die Muskelfasern bis zu 2—4 μ

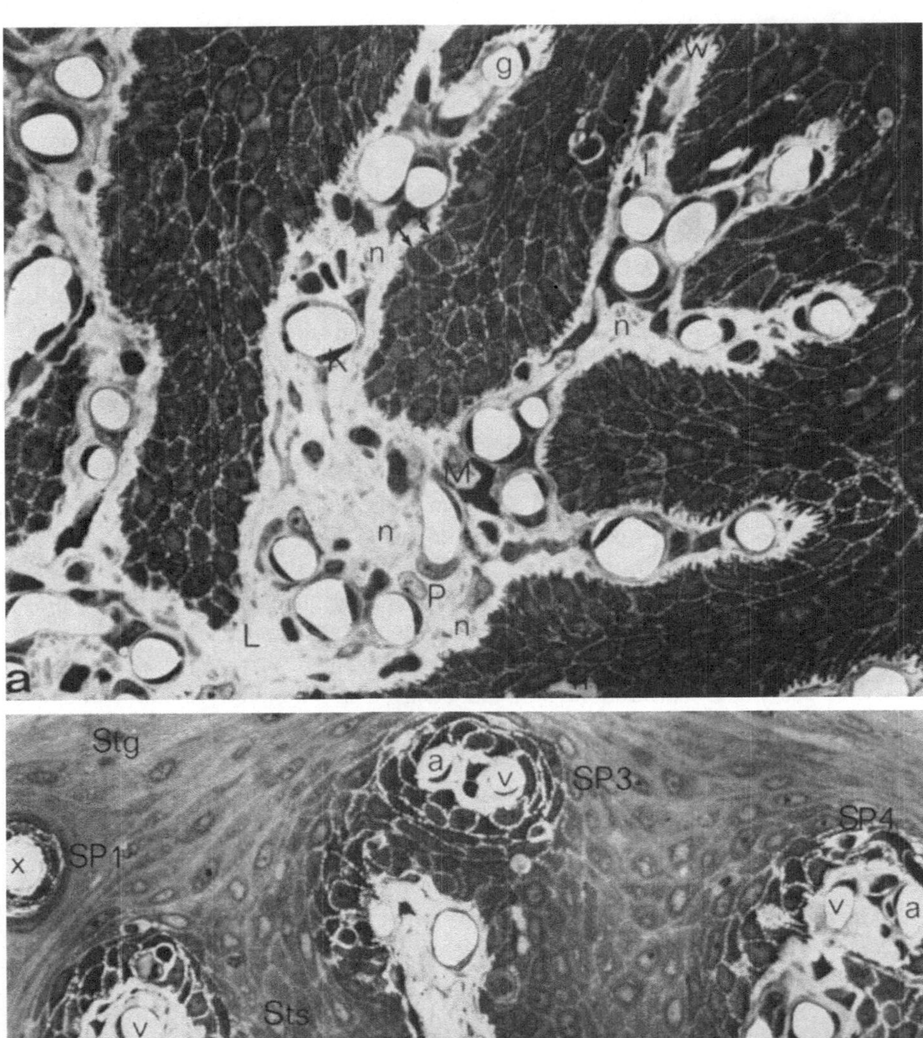

Abb. 9a u. b. Papilla fungiformis, Rhesusaffe. (a) Bindegewebsleisten (*L*) — hier an der Papillenspitze — können sich in mehrere kleinere Äste (*l*) aufteilen. Sie enthalten zahlreiche Kapillaren und viele Nerven (*n*), die sich dem Epithel dicht annähern. Die Kapillaren (*g*) zeichnen sich durch Endothelzellen (*K*) und peripher gelegene Perizyten (*P*) aus. In der Nachbarschaft gelegentlich Mastzellen (*M*). Die Zellen des Stratum basale (*Stb*) haften mit fein differenzierten Wurzelfüßchen (*w*) im Bindegewebe. Mitosen (Pfeil) sind gleichmäßig verteilt. Beachte die hellen dendritischen Zellen (*h*) im Epithelverband. Vergr. 1:375. (b) Ausschnitt aus einem Horizontalschnitt des mittleren Papillendrittels. Sekundärpapillen (*SP 1—4*) sind den Bindegewebsleisten, in die sie einmünden, benachbart. Der venöse (*v*) und der arterielle (*a*) Kapillarschenkel bilden in der Spitze der Sekundärpapillen eine Schlinge (× = Anschnitt). Am oberen Bildrand Übergang von Stratum spinosum (*Sts*) ins Stratum granulosum (*Stg*). Vergr. 1:300

Venolen und Arteriolen annähern können. Sagittalschnitte lassen die Vermutung zu, daß diese an Gefäßwänden inserieren (Abb. 11a).

In der Tiefe der Tunica propria mucosae bilden die vertikal verlaufenden Muskelbündel einen Ring um die Hauptnerven der Bindegewebspapille.

Höhe der Endigung von Muskelfasern innerhalb der Primärpapille: 264 μ, 120 μ, 72 μ, 64 μ, 40 μ, 8 μ.

Höhe der Endigung von Muskelfasern in der Tunica propria mucosae unterhalb der Papillenbasis: 240 μ, 300 μ, 400 μ.

4. Epithelverhältnisse

Der bindegewebige Grundstock der Papilla fungiformis wird von unterschiedlich dicken Epithellagen begrenzt. Zu dem Epithel der Papilla filiformis besteht über den interpapillären Spalt ein fließender Übergang (Abb. 6, 7). Wie die Papilla filiformis ist die Papilla fungiformis bei allen untersuchten Formen an der Oberfläche verhornt (Abb. 6, 7, 10).

Stratum basale. Lichtoptisch lassen sich in den Zellen des Stratum basale nur vereinzelt Tonofibrillen nachweisen. Sie inserieren an der Zellbasis in zahlreichen Hemidesmosomen. Desmosomen an den apikalen oder lateralen Zellwänden sind sehr selten zu bemerken. Zwischen den Basalzellen imponieren relativ weite Interzellularräume, die durch zahlreiche Mikrovilli überbrückt werden.

Neben den Hemidesmosomen haften die Basalzellen mit pseudopodienähnlichen Gebilden, den „Wurzelfüßchen", im Bindegewebe (Abb. 9a). Während sie im basalen Papillenanteil relativ kurz und einfach gebaut sind, differenzieren sie sich zur Zungenoberfläche hin zu dünneren, längeren und verzweigten Strukturen. Kurz vor der Papillenspitze sind sie zahlenmäßig am größten und besitzen hier die ausgeprägteste und feinstverästelte Form. Wie schon bei der Papilla filiformis des Menschen (Kunze, 1969) dargestellt wurde, läßt sich auch bei der Papilla fungiformis ein Verzahnungsmodus aufsteigender Ordnung nachweisen, der durch die Ausbildung von längsverlaufenden Leisten und Wülsten eine weitere Differenzierung erfährt: 1. Ordnung: Bindegewebspapille, 2. Ordnung: Sekundärpapillen und Bindegewebszapfen an der Papillenspitze, 3. Ordnung: Seitenleisten bzw. -wülste und 4. Ordnung: Wurzelfüßchen. Im apikalen Bereich zeigen Nervenendstrukturen und kleinkalibrige Gefäße zu den „Wurzelfüßchen" enge Beziehungen.

Im Stratum basale findet man relativ häufig helle Zellen mit einem großen gelappten Kern, die sich durch zahlreiche zytoplasmatische Ausläufer in Art von Dendriten auszeichnen. Diese Dendriten schlängeln sich weit in die Interzellularspalte vor (Abb. 9a). Häufig sind diese sog. Langerhansschen Zellen an der Grenze von Stratum spinosum und Stratum basale lokalisiert, die schon im Epithel der Papilla filiformis des Menschen nachgewiesen wurden (Kunze, 1969). Sie kommen im Epithel der menschlichen Papilla fungiformis häufiger vor als bei Rhesus. — Mitosen der Basalzellen findet man gleichmäßig verteilt (Abb. 9a, 15).

Stratum spinosum. Die Stachelzellen besitzen einen runden Kern mit gut sichtbarem Nucleolus und ein helles Zytoplasma mit zahlreichen Tonofibrillen, die in den Desmosomen inserieren, die den Zellen Form und Namen geben. Während ihre Hauptachse im allgemeinen wie bei den Basalzellen zur Zungenoberfläche gerichtet ist, liegen die Stachelzellen im Epithel der Leisten und der Sekundärpapillen parallel zur Bindegewebs-Epithelgrenze (Abb. 8). Zum Stratum

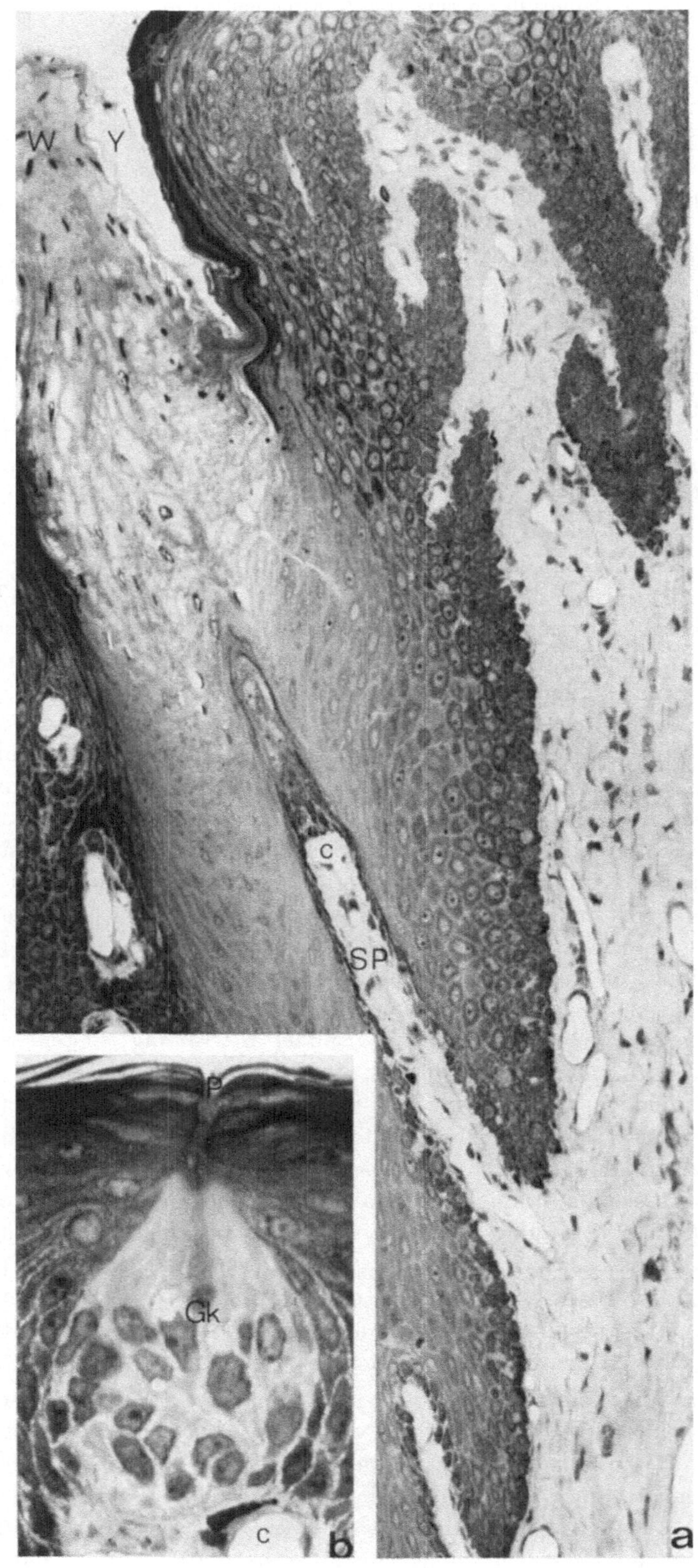

Abb. 10a u. b

granulosum schichten sich alle Stachelzellen konzentrisch um den Grundstock der Bindegewebspapille (Abb. 9b).

Im basalen Papillenteil ist die Anzahl der Zellagen am größten, zur Zungenoberfläche nimmt sie ab. Am Übergang zum Stratum granulosum enthalten die Epithelzellen gelegentlich einzelne Keratohyalingranula unterschiedlicher Größe.

Stratum granulosum, corneum. Im Stratum granulosum nimmt die Zellgröße ab. Die Zellen werden flach und nehmen im Querschnitt spindelige Form an. Das Zytoplasma ist nur noch schwach angefärbt. Der Interzellularraum ist lichtoptisch nicht mehr erkennbar. Die Zellgrenzen werden durch einen Saum stark angefärbter Desmosomen angedeutet. Das Zytoplasma enthält die typischen runden Keratohyalingranula unterschiedlicher Größe. Im Interpapillarraum nimmt das Stratum granulosum eine relativ große Höhe ein, während an den lateralen Flächen und an der Papillenspitze diese Schicht nur noch aus 2 Zellagen besteht und verhornt. Eine Verhornung des interpapillären Raumes selbst ist jedoch nicht zu beobachten.

Das Stratum corneum bedeckt die Papillenoberfläche bis in den Fundus des Grabens wie eine Kappe und wird nur durch die Poren der Geschmacksknospen unterbrochen (Abb. 10).

5. Gefäßversorgung

Im lockeren Bindegewebe der Tunica propria mucosae der Zunge verlaufen parallel zur Oberfläche großlumige Arterien und Venen. Von der Arterie biegen bei Rhesus eine, beim Schimpansen und Menschen 2—3 Arterien zum Papillenzentrum in Richtung zur Zungenoberfläche ab. Bevor die Arterien beim Menschen den eigentlichen Grundstock der Papille erreichen, teilen sie sich in 16 kleinere Arteriolen auf, die sich im Bindegewebe der Papille verteilen. Die weitlumigeren Gefäße strahlen in die Papillenmitte ein. In der Nähe der Arteriolen (Mensch und Rhesus: 5—40 µ) findet man regelmäßig großlumige Venolen (Mensch: 130 µ, Rhesus: 50—60 µ), die sich einerseits durch den Wandbau, und andererseits durch ihre Größe von den Arteriolen unterscheiden (Abb. 11a, b). Die Arteriolen besitzen eine Elastica interna, die durch eng beieinanderliegende glatte Muskelzellen begrenzt wird. Die Adventitia ist, wenn überhaupt, nur schwach vorhanden. Die zentral gelegenen Gefäße umgeben den eintretenden Nervenstamm wie einen Ring und begleiten ihn bis zur Papillenspitze (Abb. 6, 7, 11b).

Während sich die Gefäße bei Rhesus an der Papillenbasis nicht aufteilen, findet man beim Schimpansen und Menschen schon in diesem Niveau eine gleichmäßige Blutgefäßverteilung über den gesamten Papillenquerschnitt vor, wobei jedoch die weitlumigeren Gefäße in der Papillenmitte liegen (Abb. 6, 7). Äste, die sich von den zentralen Arteriolen abspalten, ziehen gemeinsam mit randständigen Gefäßen in die Sekundärpapillen, die bei diesen Formen in der Basalregion der

Abb. 10a u. b. Papilla fungiformis, Rhesusaffe, Sagittalschnitt. (a) Aus der Primärpapille zweigt eine Sekundärpapille (*SP*) ab, deren Hauptverlaufsrichtung zum Graben (*Y*) und Ringwall (*W*) deutlich zu erkennen ist. Sie ist reich kapillarisiert (*c*). Am oberen Bildrand erkennt man die stark verhornte Schicht an der Oberfläche der Papilla fungiformis. Vergr. 1:170. (b) Ausschnitt aus dem Epithel an der Papillenspitze. Eine Geschmacksknospe „öffnet" sich mit ihrem Porus (*P*) zur Zungenoberfläche. Beachte die Kapillaren (*c*) unter der Basis der Geschmacksknospe. Vergr. 1:520

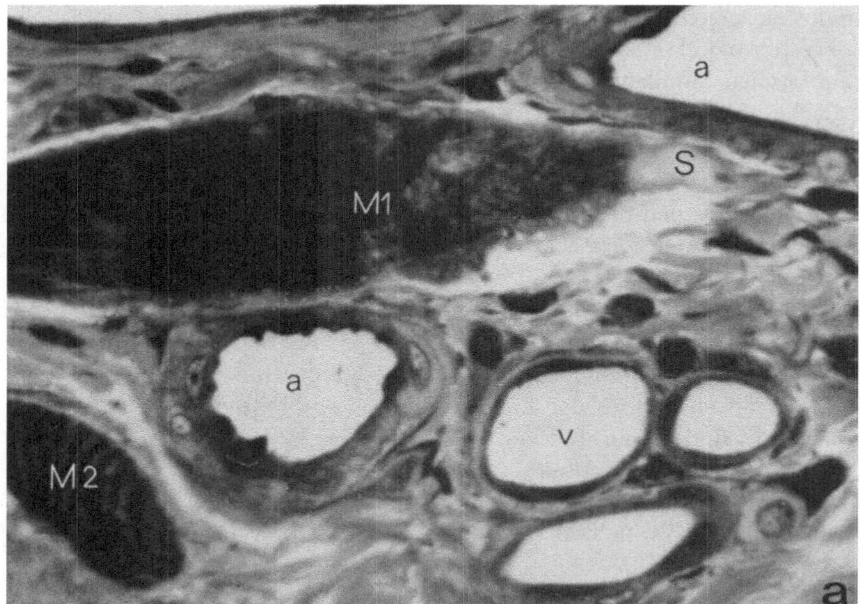

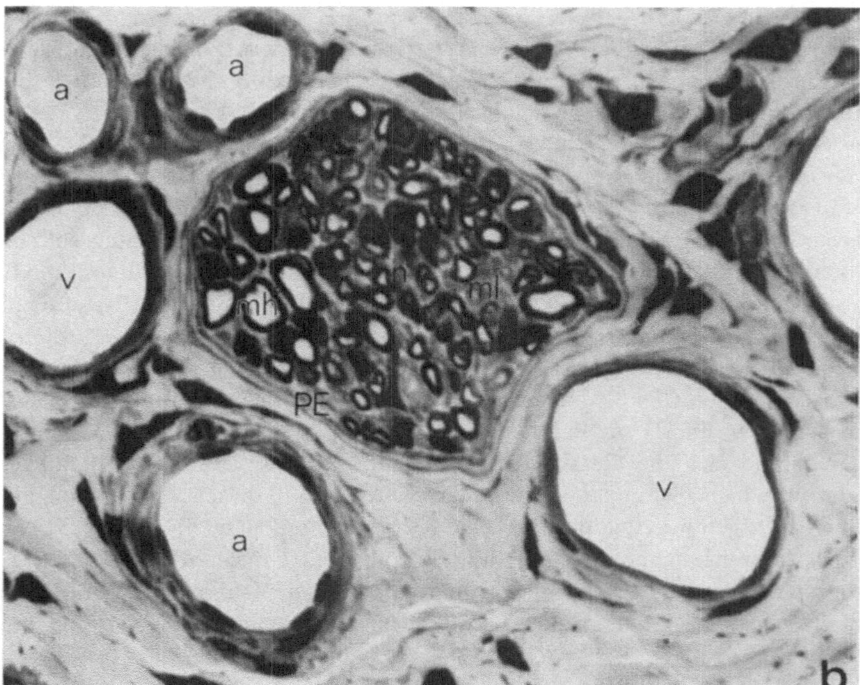

Abb. 11a u. b. Papilla fungiformis, Mensch. (a) Sagittalschnitt an der Papillenbasis. Quergestreifte Muskelfasern (*M1, 2*) im Zentrum der Primärpapille. Eine Faser inseriert über eine Art Sehne (*s*) an der Wand einer Arterie (*a*). Beachte die Annäherung der Muskelfasern an die Gefäße (*a, v*). Vergr. 1:200. (b) Horizontalschnitt aus dem basalen Teil der Primärpapille. Nerv (*n*), mit markhaltigen (*mh*) und markarmen (*ml*) Axonen, sowie mit deutlichem Perineurium (*PE*), paßt sich den Rundungen von Arteriolen (*a*) und Venolen (*v*) an. Vergr. 1:200

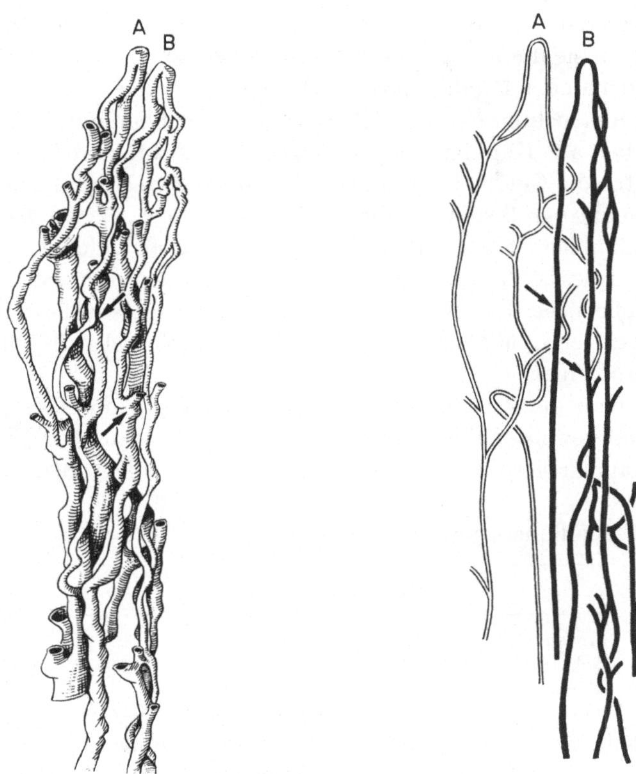

Abb. 12. Schematische und halbschematische Rekonstruktion des Gefäßsystems in einem
Zapfen (A) und einer benachbarten seitlichen Leiste (B) der Papilla fungiformis des Rhesusaffen (vgl. Abb. 6: × und +). Beide Gefäßsysteme stehen untereinander (Pfeil) und mit
anderen Kapillaren in Kontakt. Der Abfluß erfolgt über ein venöses Gefäßnetz, das an der
Bindegewebs-Epithelgrenze liegt. Beachte die zahlreichen Teilungen der Arteriolen

Papille entspringen. Bei Rhesus teilen sich die zentralen Arteriolen erst nach Verlauf durch die Bindegewebspapille im mittleren Papillenbereich, wo die Mehrzahl
der seitlichen Bindegewebsausläufer auftreten. Eine reiche Gefäßaufzweigung
wird bei allen untersuchten Formen an der Papillenspitze beobachtet.

Neben den Blutgefäßen im zentralen Bindegewebsgrundstock findet man bei
jeder Papilla fungiformis eine Vielzahl kleinlumiger Gefäße an der Bindegewebs-
Epithel-Grenze (Abb. 6, 7, 10a). In den basalen Abschnitten dienen sie vorwiegend
der Blutversorgung der längsverlaufenden Leisten. Ihre Durchmesser liegen meist
in der Größenordnung von Kapillaren (4—9 μ) (Abb. 9a). Sie zeichnen sich durch
eine endotheliale Umkleidung aus. Außerhalb des Gefäßes findet man Perizyten
und häufig Mastzellen. In den Sekundärpapillen und den Leisten des Rhesusaffen
bilden sie Schlingen (Abb. 9b, 10, 12), wobei der venöse Schenkel an der Basis
größer (10 μ) als der arterielle (8 μ) ist. In den Leisten nähern sie sich bis zu 0,4 μ
dem Epithel. Beim Menschen und Schimpansen werden die Sekundärpapillen von
vielen Kapillaren (arteriell 9 μ, venös 18 μ) versorgt. Die meisten ziehen vom randständigen Blutgefäßsystem hinein. An der Basis einer Sekundärpapille kann man
bis zu 30 Kapillaren beobachten. Die kleinlumigen Gefäße verlaufen vorwiegend

in dem Bindegewebs-Epithel-Grenzgebiet und biegen selten zur Mitte ab. Bei Rhesus versorgen sie die unteren Leistenabschnitte, können aber darüber hinaus bis in die Zapfen an der Papillenspitze hochsteigen. In dieser Region vermischen sich bei allen untersuchten Formen Gefäße aus dem Zentrum mit denen der Randzone. Hier haben alle Kapillaren etwa gleiche Größe, während in basaleren Papillenabschnitten die Gefäße bei Rhesus in der Mitte doppelt und beim Menschen einige sogar 4mal so groß sind wie die am Rande (Abb. 6, 7). Der Blutabfluß erfolgt über großlumige Venolen. Beim Menschen erreichen sie einen Durchmesser von 130 μ, bei Rhesus 60 μ. Sie münden in der Tunica propria mucosae in eine 250—400 μ große Vene. Ein nicht unwesentlicher Anteil des venösen Rückflusses wird von zahlreichen randständigen kleinen Gefäßen (Mensch: 20—80 μ, Rhesus: 15—30 μ) übernommen.

Vergleicht man die Anzahl der Gefäßquerschnitte an der Basis, Mitte und Spitze der Bindegewebspapille miteinander, so kommt man zum Ergebnis, daß die höchste Kapillarisierung stets in den mittleren Papillenzonen zu finden ist (Abb. 6, 7).

Anzahl der Gefäßquerschnitte im Bereich von:

	Basis	Mitte	Spitze
Rhesus	30	130	154
Schimpanse	60—70	140—200	140
Mensch	150	130—140	105

Interessant ist die Beobachtung, daß in den basalen Anteilen die Anzahl der Gefäße von Rhesus über Schimpanse zum Menschen zunimmt, während an der Papillenspitze geradezu umgekehrte Verhältnisse vorliegen. Schimpanse und Rhesus besitzen unter der Zungenoberfläche die meisten, sowie an der Basis der Papille die wenigsten Gefäße. Da beim Schimpansen die größere Bindegewebsfläche vorliegt, ist die Gefäßverteilung relativ die gleiche wie bei Rhesus.

Der Modus der Gefäßversorgung bei Rhesusaffe, Schimpanse und Mensch entspricht dem, den Dabelow (1951) an den kompliziert gebauten Papillae fungiformes der Hundezunge durch Tuscheinjektion erhoben hat. Die Befunde von Dombrowski und Götze (1973) an Menschenzungen mit Hilfe der Vitalmikroskopie können ebenfalls bestätigt werden.

Bemerkungen zur Rekonstruktion der Blutgefäßversorgung. Anhand von Semidünnschnittserien wurden die Gefäße in einer längsverlaufenden seitlichen Leiste und die eines Bindegewebszapfens an der Papillenspitze rekonstruiert (Abb. 12).

In die Leiste zieht eine kleinlumige Arteriole, die an der Spitze eine Schlinge bildet. Der venöse Kapillarschenkel bildet mit benachbarten Gefäßen ein venöses Netz an der Bindegewebs-Epithel-Grenze. Nach basal nehmen die Gefäße an Volumen zu.

In dem apikalen Bindegewebszapfen wird ebenfalls eine Kapillarschlinge gebildet. Der abführende Schenkel verbindet sich ebenfalls mit dem venösen Netz an der Seitenwand der Papille. Die Gefäße der Leiste und des Bindegewebszapfens haben zahlreiche Kontakte mit benachbarten Gefäßen. Während die abfließenden venösen Kapillarschenkel unmittelbar an der Bindegewebs-Epithel-Grenze liegen, sind die zuführenden Gefäße etwas mehr nach zentral orientiert.

6. Nervenversorgung

Die Hauptnerven verlaufen wie die Blutgefäße parallel zur Zungenoberfläche. Der Großteil liegt jedoch nicht im Bindegewebe der Tunica propria mucosae, sondern in den oberflächlichen Schichten der Muskulatur.

Während motorische und sensorische Axone markhaltig sind, sollen die sensiblen und vegetativen Fasern nur gering ausgebildete Myelinscheiden besitzen oder marklos sein (Cauna, 1969; Plenk und Raab, 1969).

Zentral unter dem Bindegewebsgrundstock der Papilla fungiformis strahlt der Hauptnerv in Begleitung der zentralen Blutgefäße senkrecht in die Primärpapille zur Zungenoberfläche ein (Abb. 6, 7, 13, 14). Neben diesen Nerven lassen sich im Bindegewebe der Tunica propria mucosae noch eine für die einzelnen Arten unterschiedliche Anzahl kleinerer Nerven mit 3—7 markhaltigen und mehreren marklosen Axonen nachweisen. Diese verlaufen im Bindegewebe des interpapillären Raumes. Einige dieser Fasern ziehen im epithelnahen Bindegewebe der Papilla fungiformis bis zur Papillenspitze. Kleinere Seitenäste dieser Nerven (1—2 markhaltige Axone) verbleiben im Bindegewebe des interpapillären Raumes und bilden so eine Art Ring unter dem Epithel.

Die Fasern des Hauptnervenstammes sind von einem gut abzugrenzenden Perineurium umhüllt (Abb. 11b). Der Nerv selbst enthält sowohl markarme als auch markhaltige Fasern unterschiedlichen Kalibers. An der Papillenbasis können bei Rhesus im Hauptnerven 120 markhaltige und eine kleinere Anzahl markloser Axone gezählt werden. In seinem leicht geschlängelten Verlauf zur Papillenspitze gibt der Hauptnerv bei Rhesus 18 Nebenäste in alle Richtungen ab (Abb. 13). Diese enden am Epithel oder ziehen parallel zum Nervenstamm zur Papillenspitze.

Die Auffaserung des Hauptnervenstammes der Papilla des Rhesusaffen beginnt in gleicher Höhe, in der man auch die ersten Gefäßaufteilungen beobachtet. Die abzweigenden Fasern ziehen an die Bindegewebs-Epithel-Grenze der Primär- und Sekundärpapillen. In den epithelnahen Regionen haben sie ihre Markscheide verloren und enden einzeln entweder frei im Bindegewebe oder dicht unter dem Epithel (Abb. 8, 9a). Die lichtoptisch nur schwer erkennbaren marlosen Nervenfasern in den Sekundärpapillen zeigen besonders in denen des oberen Papillendrittels enge Beziehungen zu Kapillaren und zum Epithel.

Zu Beginn des oberen Drittels enthält der Nervenhauptstamm nur noch 60 markhaltige Axone. Bei Rhesus beginnt in dieser Region, ca. 300 µ unter dem Epithel an der Zungenoberfläche, die Auffächerung des Nerven (Abb. 13). Die Abstände zwischen den einzelnen Axonen werden größer und die Fasern weichen nach lateral auseinander. Der dichte, um den Nerven gelegene Gefäßring wird nach außen gedrängt. Zu Beginn der Auffächerung haben die Nerven vertikale Verlaufsrichtung, um sich dann unter dem Epithel an der Zungenoberfläche horizontal anzuordnen. Die Axone verlieren ihre Myelinscheide, und 4—8 µ unter dem Epithel an der Papillenspitze beobachtet man nur noch marklose Fasern. Innerhalb des subapikalen Plexus sind an stützgewebigen Elementen nur noch kollagene Fasern, Fibrozyten und Schwannzellen vorhanden.

An der Peripherie des subepithelialen Plexus an der Papillenspitze liegt ein dichter Ring von Kapillaren. Diese haben einen Durchmesser von 8—10 µ.

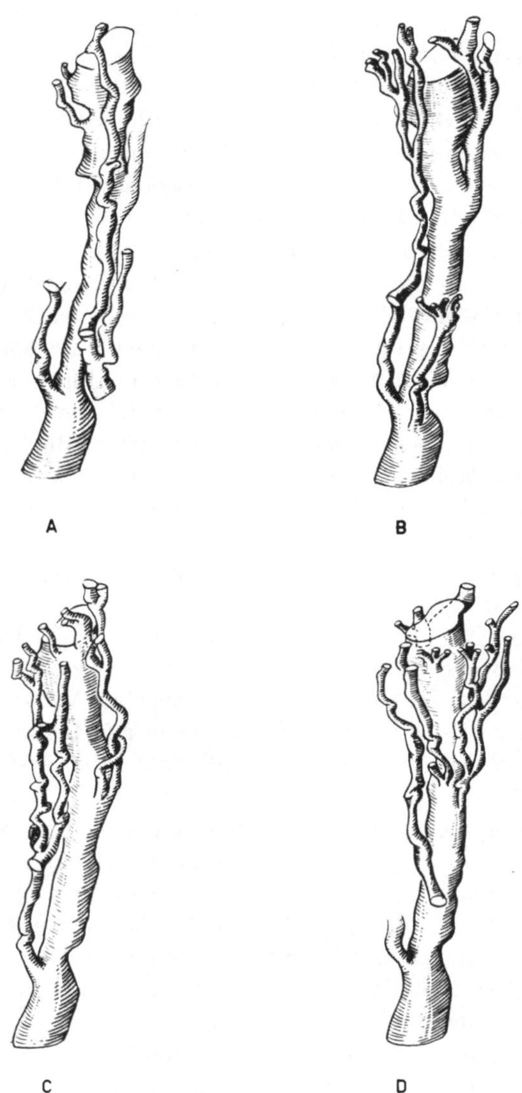

Abb. 13. Halbschematische Rekonstruktion des Hauptnervenstammes in der Papilla fungiformis des Rhesusaffen. Im oberen Anteil deutet sich die Auffaserung des Nerven an. In
dieser Region, die der Papillenmitte entspricht, entspringen die Sekundärpapillen

Zwischen den Gefäßen erkennt man eine geringe Anzahl vertikal ausgerichteter
elastischer Fasern und vereinzelt Mastzellen. Auf die Gefäßringzone folgt eine
Schicht faserreichen, kollagenen und zellarmen Bindegewebes.

Unter den Geschmacksknospen an der Papillenspitze beobachtet man eine auffallend starke Konzentration von Nervenfasern aus dem subepithelialen Plexus.

Der Aufbau und Verlauf der Nervenfasern ist bei den untersuchten Formen
prinzipiell gleich. Einige Unterschiede sind jedoch festzustellen. Bei der Papilla

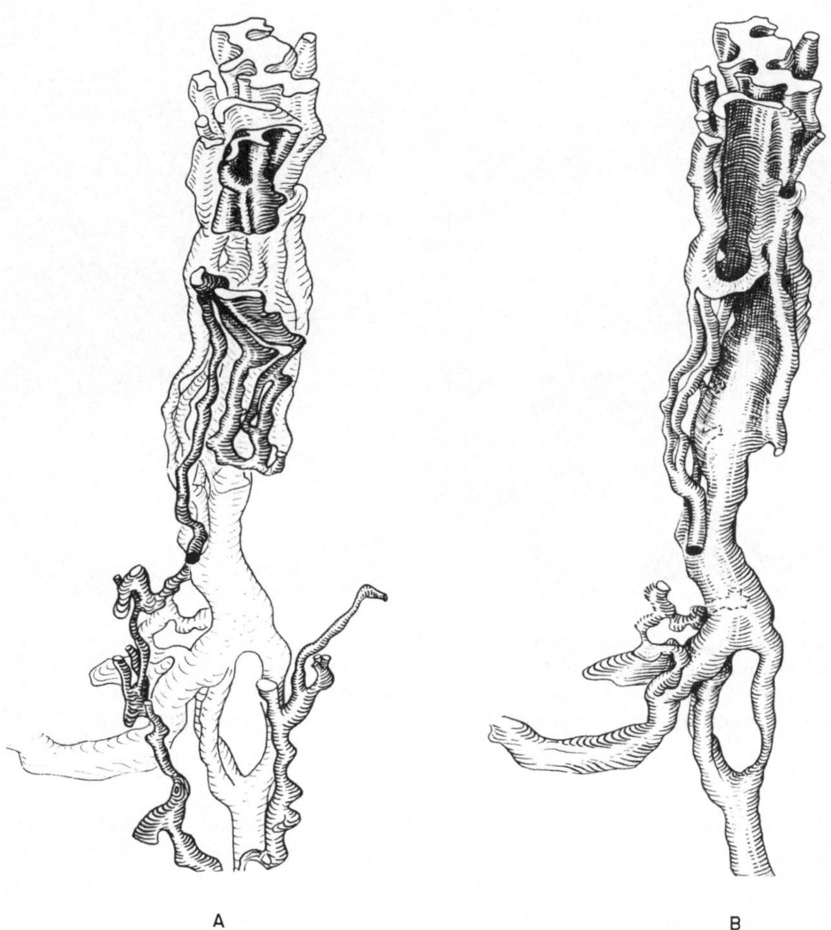

Abb. 14. Halbschematische Rekonstruktion des Nervenverlaufes in der Papilla fungiformis des Menschen. Nach Verlust des Perineuriums sind die Nervenfaserbündel, soweit lichtoptisch abgrenzbar, wiedergegeben. Im oberen Teil der Rekonstruktion zeigen die rundlichen Einbuchtungen die Anlagerung der Nervenfasern an die benachbarten Gefäße. Die Abgabe von Nervenseitenästen fällt mit den Ursprungsstellen der seitlichen Sekundärpapillen zusammen

fungiformis des Menschen setzt sich der Hauptnervenstamm aus 6 Nervenfaserbündeln zusammen, die sich 140 μ unterhalb der Papillenbasis, aus verschiedenen Richtungen kommend, in der Tunica propria mucosae vereinigen (Abb. 14). Schimpanse und Mensch zeigen außerdem eine im Vergleich zu Rhesus frühzeitige Aufteilung des Nervenstammes an der Papillenbasis. Die abzweigenden Nebenäste sind bis in die Sekundärpapillen zu verfolgen und besitzen noch häufig in höheren Regionen der Sekundärpapillen ihre Markscheide. Konzentrierte Anhäufungen zahlreicher markloser Nervenfasern an der Bindegewebs-Epithel-Grenze, wie bei diesen Formen beobachtet, können bei Rhesus nicht nachgewiesen werden.

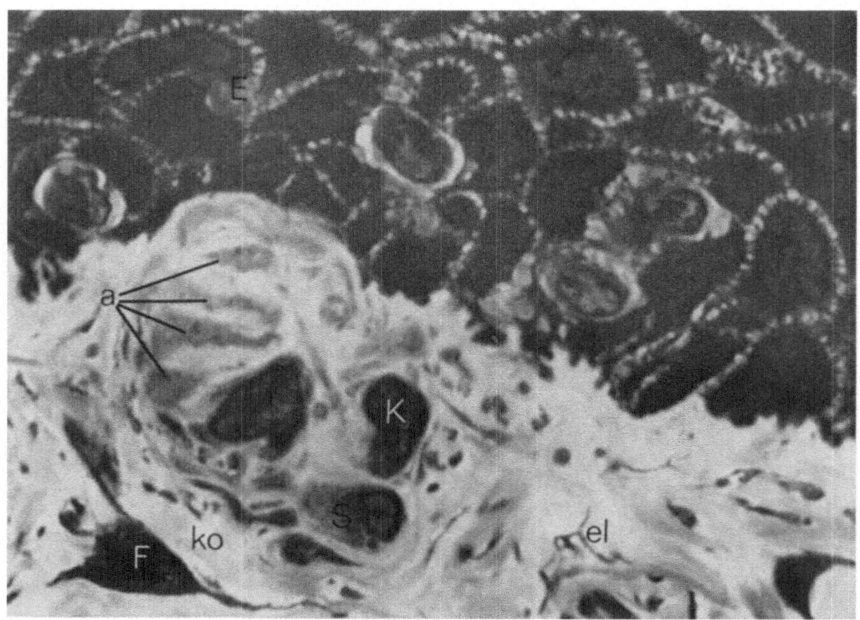

Abb. 15. Nervenendknäuel am Epithel (*E*) der Papilla fungiformis des Schimpansen. Die Axone (*a*) sind etagenartig angeordnet und ziehen ins Epithel. Die Kerne (*K*) der Schwannzellen (*S*) sind deutlich erkennbar. Die Abgrenzung zur Umgebung ist durch Fibrozyten (*F*) sowie durch ein Raumnetz von kollagenen (*ko*) und elastischen (*el*) Fasern gegeben. Vergr. 1:1000

Bei Rhesus, Schimpanse und Mensch findet man eine Vielzahl verschieden strukturierter Nervenendigungen (Abb. 15—18). Sie liegen häufig im epithelnahen Bindegewebe oder besitzen direkten Epithelkontakt (Abb. 15, 17). Beim Schimpansen beobachtet man sie auch in den basalen Abschnitten der Sekundärpapillen. Die äußere Begrenzung besteht bei verschiedenen Typen aus einer bindegewebigen Kapsel, andere werden durch einen Gefäßkranz, der zum Epithel hin offen sein kann, sowie durch elastische und kollagene Fasern vom umgebenden Bindegewebe getrennt.

Bemerkung zu den Rekonstruktionen. Zur Rekonstruktion wurden übersichtshalber nur die Umrisse der Gesamtheit aller Nervenfasern im zentralen Bereich aufgezeichnet. Nervenäste, die sich mehr als 10 μ vom zentralen Nervenbündel trennten, wurden als einzelne Faser festgehalten. Einige markarme zur Peri-

Abb. 16. (a) Lamellär differenziertes Körperchen der Papilla fungiformis des Schimpansen. Der Nerv (*n*) tritt von der Seite her ein und verliert seine Markscheide (*Ms*). Das Axon (*a*) liegt im Zentrum eines konzentrischen Lamellensystems (*l*). Die Kapsel (*x*) wird durch Fibrozyten (*F*) gebildet. Vergr. 1:1000. (b) Golgi-Mazzoni-ähnliches Körperchen in der Papilla fungiformis des Rhesusaffen. Der Nerv (*n*) tritt von unten ein. Kapselzellen (*x*). Im Zentrum des Lamellensystems (*l*) liegen zwei Axone (*a*). Beachte den dunklen Kranz von Mitochondrien (*m*) im Axoplasma. Vergr. 1:1300. (c) Körperchen in der Papilla fungiformis des Schimpansen, morphologisch ähnlich dem Meißnerschen Körperchen und dem Krauseschen End-

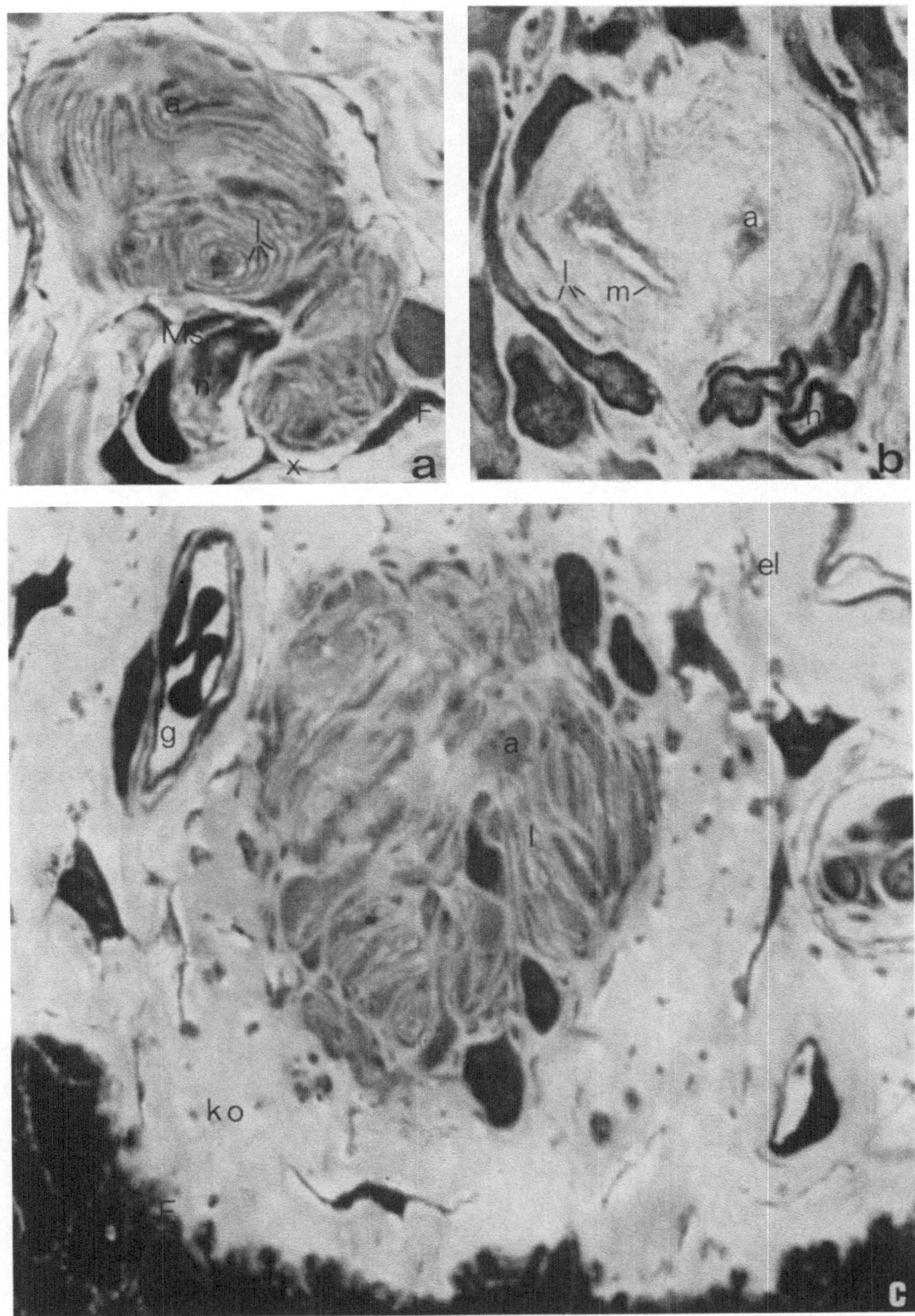

Abb. 16a—c

kolben. Es liegt in der Nähe des Epithels (*E*). Die Abgrenzung erfolgt durch kollagene (*ko*) und elastische (*el*) Fasern sowie durch benachbarte Gefäße (*g*). Die Lamellen (*l*) sind z.T. parallel angeordnet. Schwannzellkerne (*K*), Axone (*a*). Vergr. 1:1000

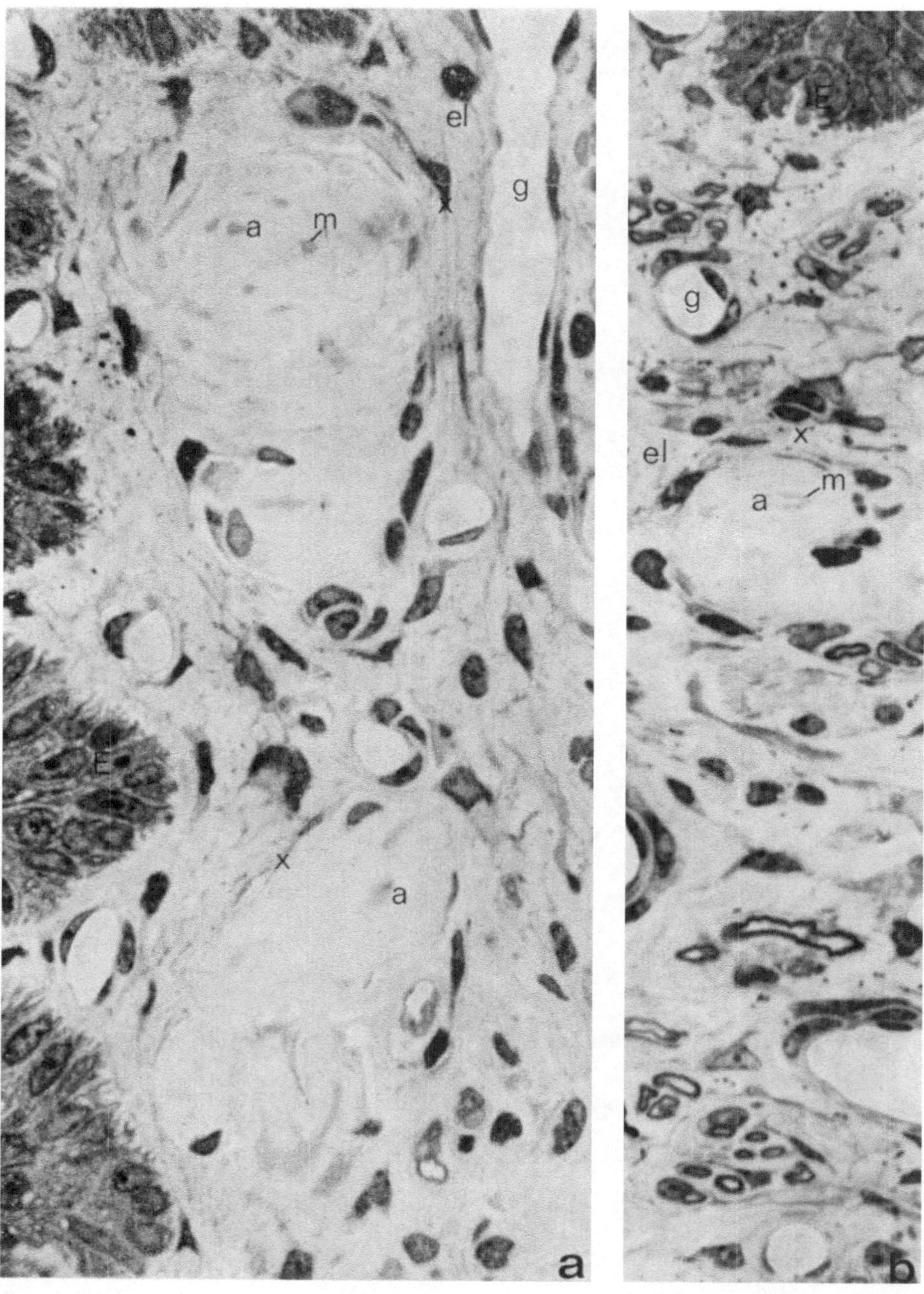

Abb. 17. (a, b) Lamellierte Endkörperchen vom Typ der Krauseschen Endkolben in der
Papilla fungiformis des Rhesusaffen. Beide liegen in Epithelnähe und werden durch einen
Gefäßkranz (*g*) und eine dünnschichtige fibrozytäre Kapsel (*x*) sowie durch elastische Fasern
(*el*) von der Umgebung abgegrenzt. Die Axone (*a*) enthalten über den gesamten Querschnitt
oder nur an der Peripherie verteilt Mitochondrien (*m*). Vergr. 1:520

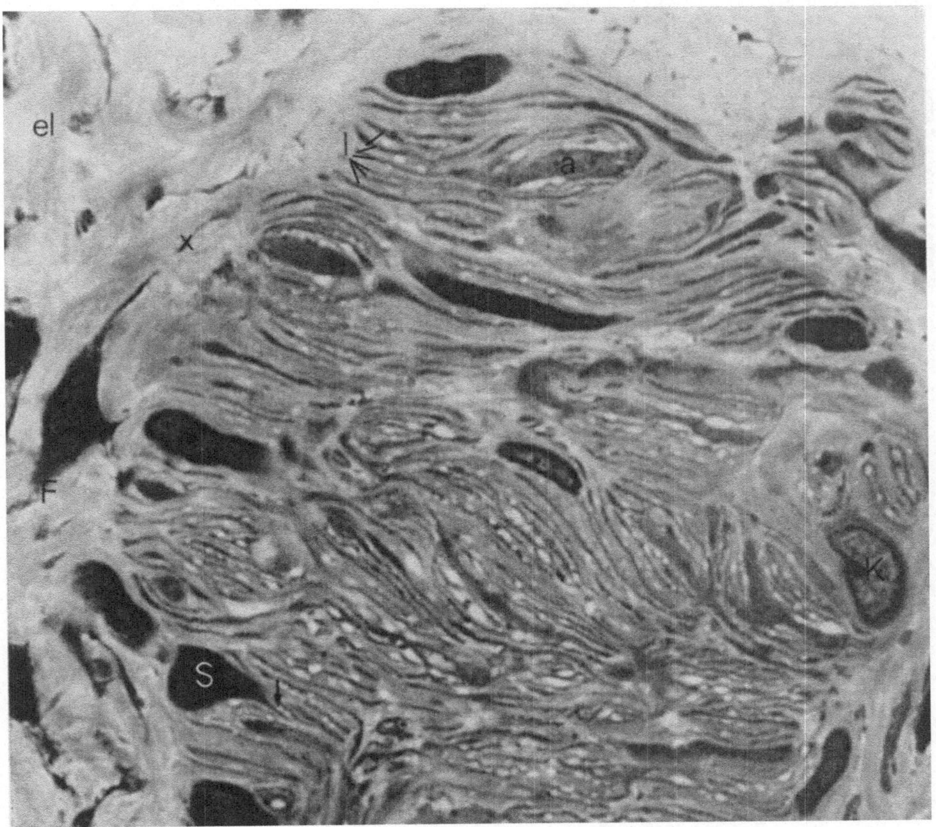

Abb. 18. Meißnersches Körperchen in der Papilla fungiformis des Schimpansen. Die Lamellen (*l*) laufen vorwiegend parallel. An den Schwannzellen (*S*), mit deutlichen Kernen (*K*), erkennt man die Ausbildung von Lamellen (Pfeil). Axone (*a*) im Lamellenzentrum zeigen unregelmäßigen Verlauf. Kapsel (*x*) aus Fibrozyten und weiter peripher liegenden elastischen Fasern (*el*). Vergr. 1:1000

pherie der Bindegewebspapille ziehende Nervenfasern konnten bei der Rekonstruktion benötigten Vergrößerung nur noch schwer verfolgt werden, so daß sie vernachlässigt wurden.

C. Elektronenmikroskopische Untersuchung der Nervenversorgung

Um den Endigungsmodus, den Feinbau der Terminalstrukturen und der daran beteiligten Nervenfasern zu untersuchen, wurden jeweils von dem Gewebe der Papillenspitze der Papilla fungiformis horizontale Ultradünnschnitte hergestellt. Im einzelnen konnten folgende Endstrukturen in diesem Bereich unterschieden werden:

1. Axone im präterminalen Bereich; 2. Freie Nervenendigungen, a) im Bindegewebe, b) im Epithel; 3. lamellär differenziertes Endorgan.

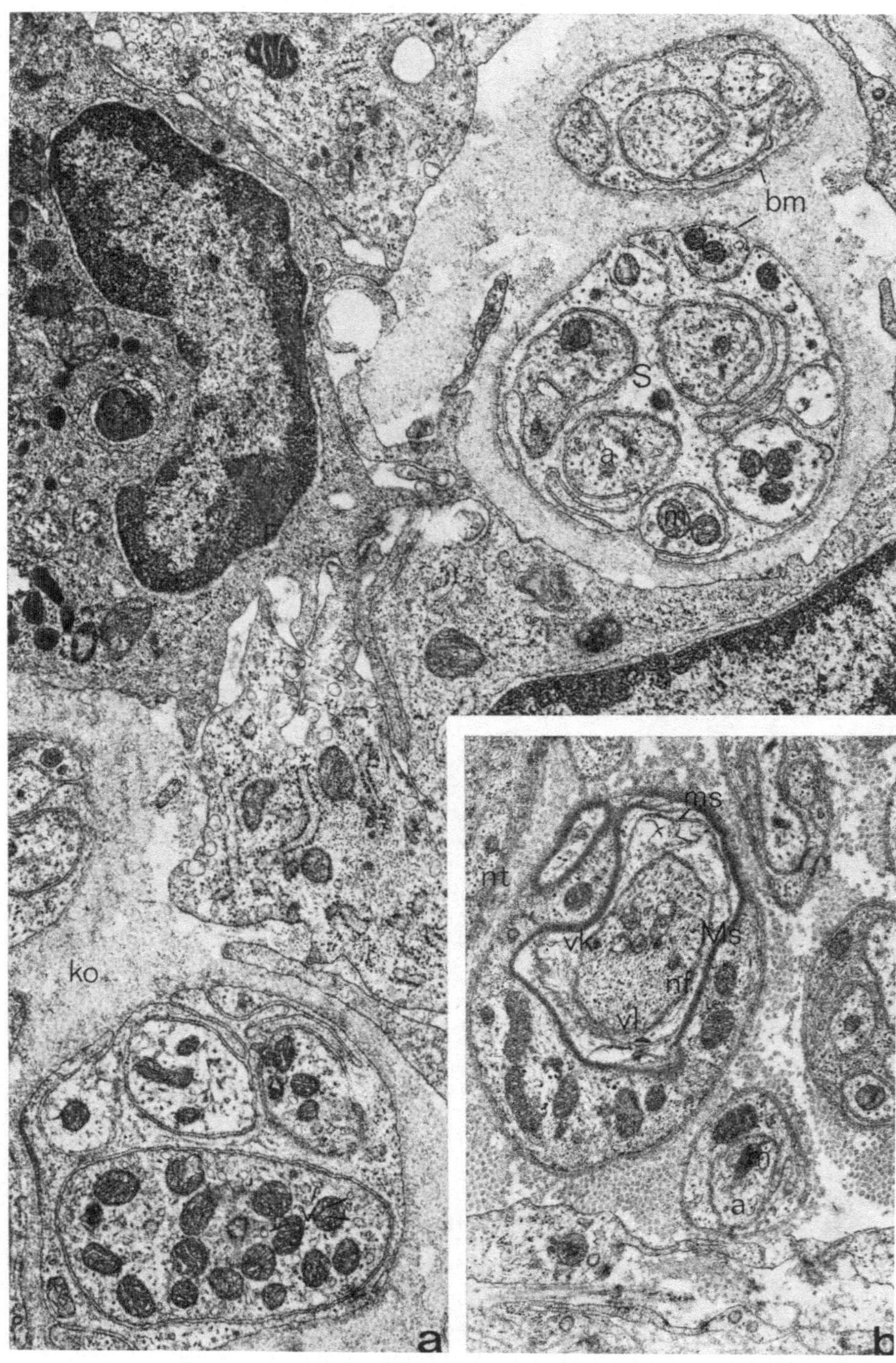

Abb. 19a u. b. Papilla fungiformis, Javaneraffe. (a) Verschiedene Axonarten im präterminalen Bereich. Schwannzelle (*S*) mit mehreren Axonen (*a*) innerhalb einer gemeinsamen Basalmembran (*bm*). Im Axoplasma unterschiedlich viel Mitochondrien (*m*) und Vesikel (*V*). Fibrozyt (*F*), kollagene Fasern (*ko*). Vergr. 1:21100. (b) Nerv (*n*) im Bereich der Aufteilung mit gering ausgebildeter Myelinscheide (*Ms*). Im Axon (*a*) Mitochondrien (*m*), Neurotubuli (*nt*), Neurofilamente (*nf*), leere (*vl*) und kontrastreiche Vesikel (*vk*). Mesaxon (*ms*). Vergr. 1:16000

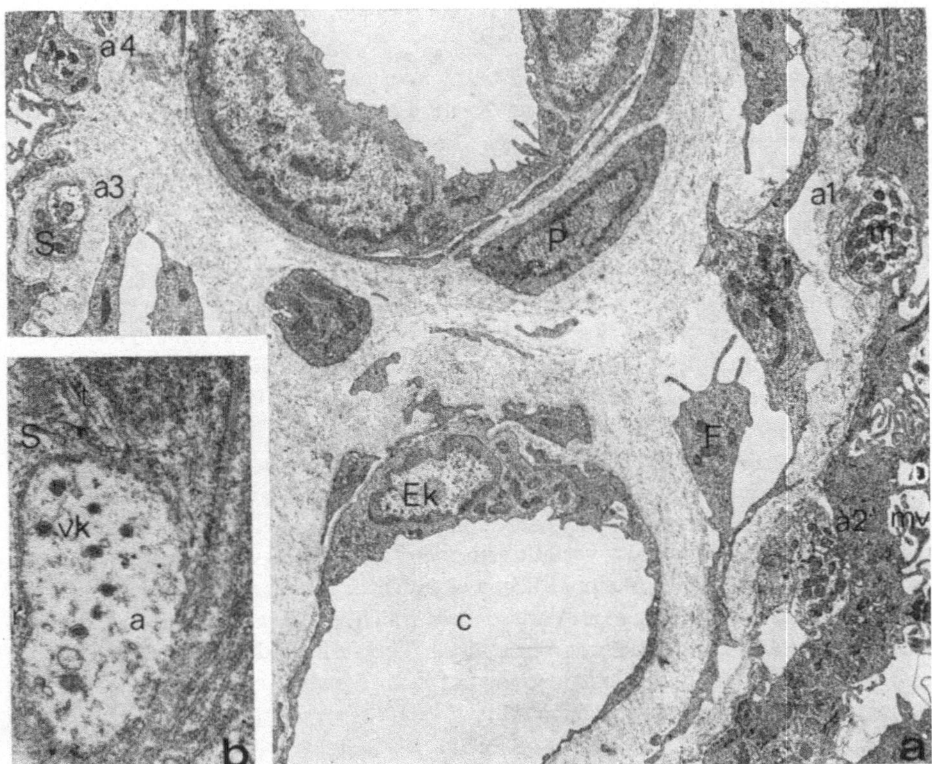

Abb. 20a u. b. Papilla fungiformis, Javaneraffe. (a) Übersicht aus einem Bindegewebszapfen an der Papillenspitze. Beachte den Nervenreichtum und die unterschiedliche axoplasmatische Struktur. Axone (*a1, a2*) mit vielen Mitochondrien (*m*) innerhalb der epithelialen Basalmembran (*bm*). Axon (*a3*) mit Schwannzellumkleidung im subepithelialen Bindegewebe. Axon (*a4*) mit Schwannzellumkleidung im Epithel. Mikrovilliartige Basalzellausläufer (*Mv*), Fibrozyt (*F*), Kapillare (*c*), Endothelzelle (*Ek*), Perizyt (*P*). Vergr. 1:5600. (b) Axon (*a*) mit vorwiegend kontrastreichen Vesikeln (*vk*), Schwannzelle (*S*), Filamente (*t*), freie Ribosomen (*r*)·
Vergr. 1:31000

1. Axone im präterminalen Bereich

Der Hauptnervenstamm fasert sich im apikalen Bindegewebe der Papilla fungiformis auf, bildet einen kelchförmigen subepithelialen Nervenplexus und besteht in diesem Bereich aus zahlreichen marklosen und einigen markhaltigen Nervenfasern. Diese sind als präterminale Fasern den lamellär differenzierten Endorganen zuzuordnen. Die marklosen Nervenfasern liegen im Zytoplasma der Schwannzellen eingebettet, wobei unterschiedlich viele Axone in einer Satellitenzelle enthalten sein können. Meist sind es 7—8, deren Durchmesser zwischen 0,2 und 1 μ schwankt. Eine Duplikatur der Plasmamembran umschließt die Axone unter Ausbildung eines Mesaxons. Form und Länge des Mesaxons sind sehr unterschiedlich, es kann sogar fehlen. Schwannzelle und Axon sind immer von einer gemeinsamen Basalmembran umgeben.

Die Schwannzelle besitzt einen rundlich ovalen Kern mit ausgeprägtem Chromatingerüst. Im Zytoplasma beobachtet man zahlreiche Zisternen des granulären ER, einen ausgeprägten Golgiapparat, feine Filamente, freie Ribosomen

3*

und stellenweise zarte Pinozytosebläschen; Mitochondrien liegen vorwiegend in Kernnähe.

, Neben dem Kaliberunterschied erkennt man besondere Differenzierungen des Axoplasmas in den einzelnen Fasern. Nach dem Hauptanteil solcher bestimmter Strukturelemente läßt sich noch eine Klassifizierung in 3 Gruppen vornehmen (Abb. 19): 1. Axone mit leeren Vesikeln (400—700 Å), 2. Axone mit leeren und zahlreichen kontrastreichen Vesikeln (800—1 200 Å), 3. Axone mit Mitochondrien. — Die Axone enthalten Tubuli und Filamente in unterschiedlicher Zahl.

Axone der ersten 2 Gruppen sind annähernd gleich groß (0,2—0,4 µ), während mitochondrienhaltige Axone stets größere Durchmesser besitzen. Nerven, die auffallend viele kontrastreiche Vesikel (800—1 200 Å) im Axoplasma enthalten, sind selten (Abb. 20 b). Mitunter beobachtet man in den mitochondrienhaltigen Axonen lysosomenartige „dense bodies", welche aus Aggregaten konzentrisch angeordneter Myelinlamellen oder einer feinen dicht granulierten Matrix bestehen. Ihre Form und Größe variieren sehr stark. Eine nahe räumliche Beziehung zu den Mitochondrien läßt sich nachweisen. Ein weiteres häufiges Merkmal aller Axonarten ist der Gehalt von Glykogengranula im Axoplasma. Diese können gleichmäßig über den Querschnitt verteilt sein, oder als „cluster-ähnliche Strukturen" in Erscheinung treten. Manchmal liegen sie auch in Rosettenform vor.

Im weiteren präterminalen Verlauf teilen sich die Nervenfasern bäumchenförmig auf. Gleichzeitig kommt es zu einer Verästelung der Schwannzelle. Die sich abzweigenden Axone bleiben stets vom Zytoplasma der Lemnozyten und der gemeinsamen Basalmembran eingehüllt.

2. Freie Nervenendigungen

a) im subepithelialen Bindegewebe

Nähert sich die marklose Nervenfaser dem terminalen Bereich, so liegen die Axone immer mehr an der Peripherie der Schwannzelle, nehmen meist an Volumen ab oder zeigen manchmal deutliche Anschwellungen. Die Zytoplasmaausläufer der Schwannschen Zellen werden dünner, das Mesaxon verkürzt sich und es verschiebt sich die Größenrelation Axon-Schwannzelle zugunsten des Axons.

Im prä- und subepithelialen Bindegewebe finden sich in den Schwannzellausläufern meist 1—3 Axone, die am Plasmalemm gelegen sind. Häufig liegt das Axolemm der Nervenfaser unmittelbar der gemeinsamen Basalmembran und dem umgebenden Bindegewebe an. Das Axoplasma enthält unterschiedlich viele Mitochondrien mit längsausgerichteten Cristae und an den Stellen, wo das Axon der Basalmembran anliegt, vermehrt leere Vesikel (400—700 Å) und Filamente. Neurotubuli sind im Axoplasma normal verteilt. Seltener beobachtet man Vesikel mit kontrastreichem Inhalt, gelegentlich auch lysosomenartige „dense bodies" mit konzentrischen Myelinlamellen.

In der unmittelbaren Nachbarschaft dieser Nervenfaserabschnitte sind stets Bündel von Kollagenfasern, in verschiedenen Verlaufsrichtungen angeordnet, zu beobachten, ebenso Fibrozytenausläufer, die sich durch das Fehlen einer Basalmembran von den Schwannzellen unterscheiden (Abb. 19 a). In seltenen Fällen lassen sich Grundsubstanzverdichtungen zwischen der Basalmembran der Nervenfaser und dem Fibrozytenausläufer nachweisen.

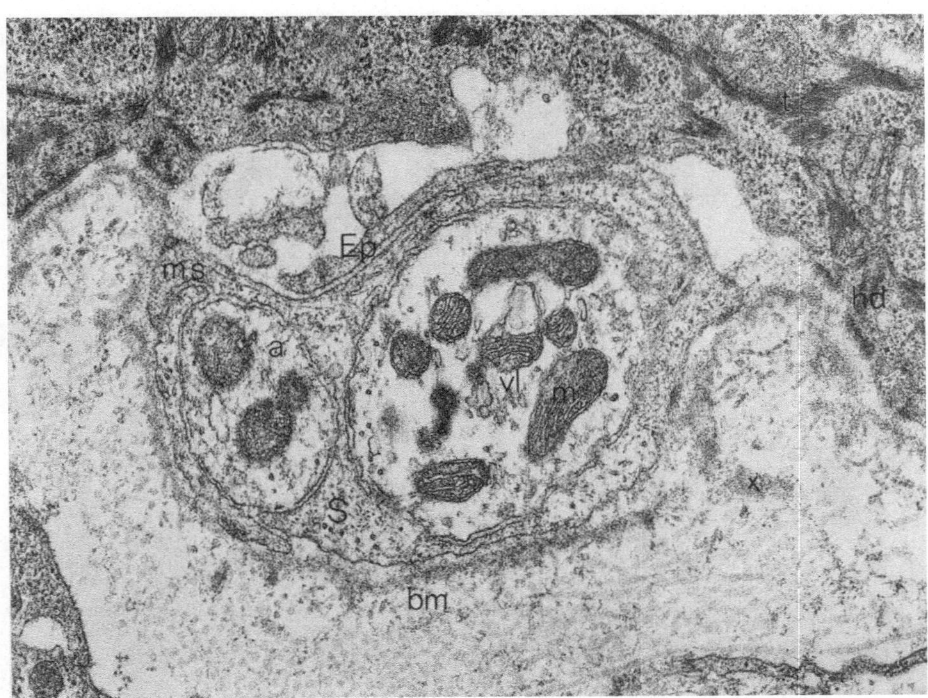

Abb. 21. Papilla fungiformis, Javaneraffe. Zwei Axone (*a*) mit Schwannzellumkleidung (*S*) beim Übergang ins Epithel. Zwischen der Schwannzelle und der Protrusion einer Basalzelle (*Ep*) fehlt die Basalmembran (*bm*). Die Basalmembran der Schwannzelle hat sich mit der des Epithels vereinigt. Bei (*x*) Schlaufenbildung der Basalmembran. Mitochondrien (*m*), leere Vesikel (*vl*), Mesaxon (*ms*), Tonofilamente (*t*), Hemidesmosomen (*hd*). Vergr. 1:31 000

Im subepithelialen Bindegewebe findet man weiterhin eine große Anzahl kleinerer Axone, die nur teilweise oder gar nicht von Schwannzellausläufern umhüllt werden und im Axoplasma wenig Mitochondrien, dagegen vermehrt leere Vesikel (400—600 Å) und seltener Bläschen mit kontrastreichem Inhalt (800 bis 1200 Å) enthalten. Neurofilamente sind spärlich vorhanden und liegen in Längsrichtung des Axons. Auch hier grenzt das Axolemm unmittelbar an die Basalmembran.

b) im Epithel

Im subepithelialen Bindegewebe verlaufen marklose Nervenfasern, die entweder myelinhaltigen nach Verlust der Markscheide entstammen, oder die primär diesen Aufbau besitzen. Nach bäumchenartiger Verästelung laufen zahlreiche Axone parallel zur Basalmembran des Epithels und treten mit ihr in Kontakt (Abb. 21). Nervenfasern gelten als intraepithelial, wenn sie innerhalb der Basalmembran des Epithels, also zwischen Basalmembran und Basalzelle, liegen.

Häufig hat sich das Axon schon im subepithelialen Verlauf ganz an die Peripherie der Schwannzelle gelegt und nähert sich breitflächig der Basalzelle. Seltener liegt das Axon noch ganz im Zytoplasma der Schwannzelle und bahnt sich als stempelartige Protrusion durch das Schwannzellzytoplasma den Weg zur

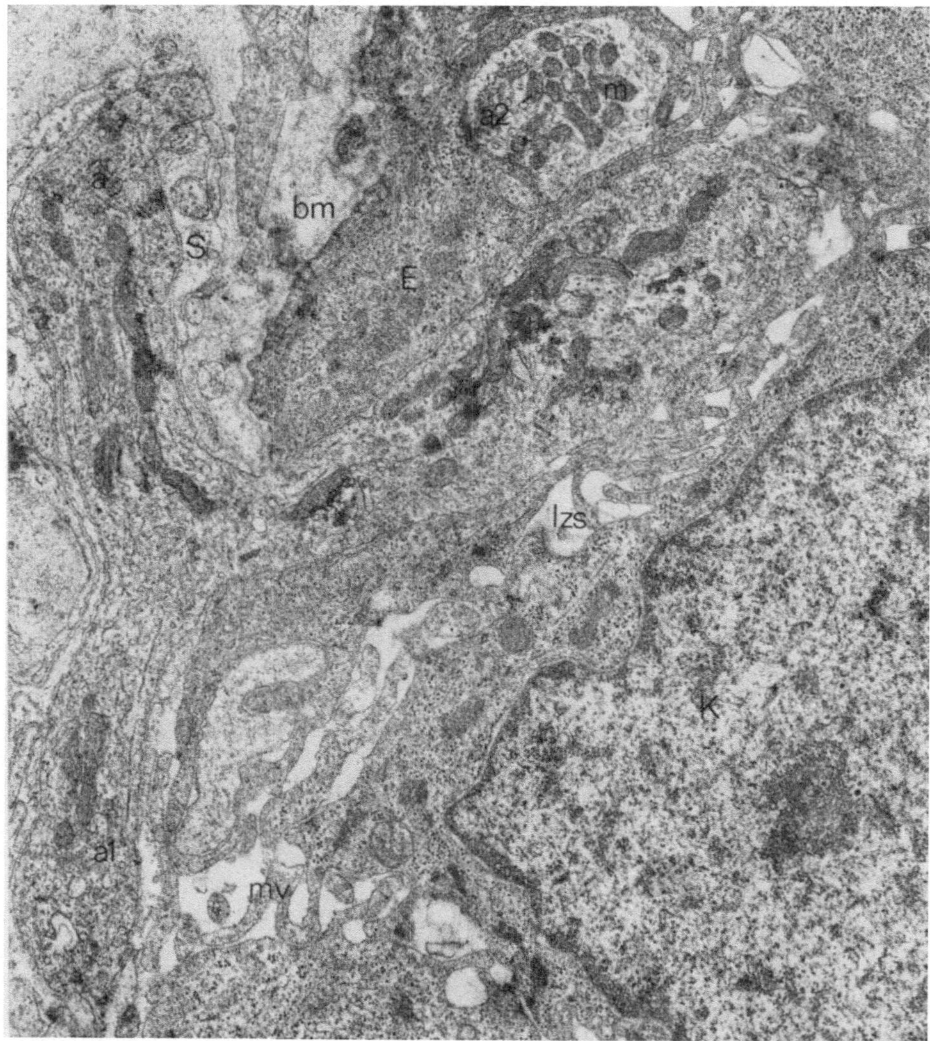

Abb. 22. Papilla fungiformis, Javaneraffe. Aufzweigung eines Axons im Epithel. Ein Axon (*a*) mit Schwannzellumhüllung (*S*) zieht in den Interzellularspalt (*Izs*) zwischen zwei Epithelzellen (*E*), der andere Ast (*a1*) läuft zwischen Epithelzelle und Basalmembran (*bm*) weiter. Mikrovilli (*mv*) der Basalzellen legen sich den Axonen an. Intraepitheliales Axon (*a2*), Basalzellkern (*K*), Mitochondrien (*m*). Vergr. 1:14000

Epithelzelle. Der Eintritt ins Epithel beginnt mit einem Kontakt zwischen den Basalmembranen der Basal- und der Schwannzelle. Die Lamina externa fasert sich dann in feinen Zügen auf und geht zwischen Axonen und Schwannzellausläufern allmählich verloren. Die Lamina densa des Epithels ist dicker und bildet beim Eindringen von Axonen ins Epithel Netzwerke. Die Axone dringen in die Interzellularspalte vor oder senken sich in flache Eindellungen der Epithelzellen ein (Abb. 20a). Tiefe Einstülpungen sind selten (Abb. 22). An der Basis des Epithels beobachtet man häufig noch Axone in Kontakt mit feinen Schwannzell-

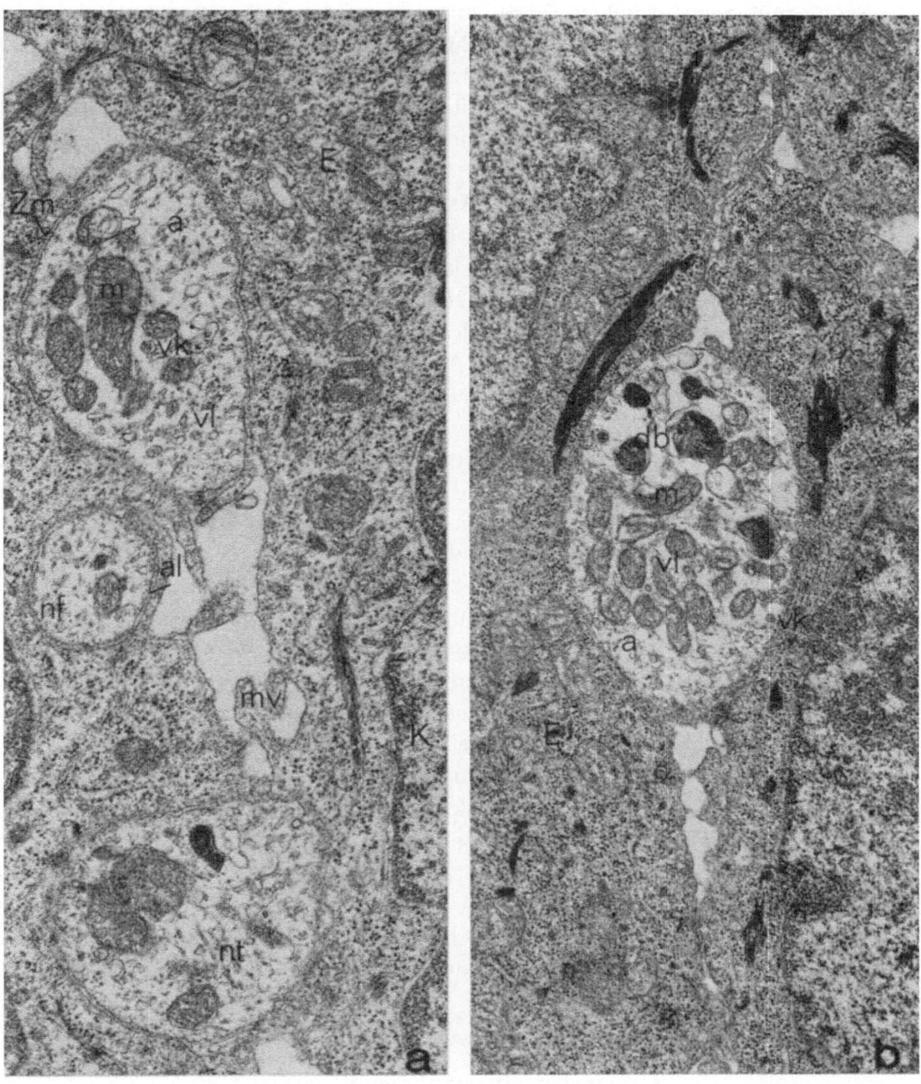

Abb. 23a u. b. Intraepitheliale Nervenfasern, Papilla fungiformis, Javaneraffe. (a) Drei „nackte" Axone (*a*) werden von Mikrovilli (*mv*) der Epithelzellen (*E*) eingeschlossen. Im Axoplasma: Mitochondrien (*m*), Neurofilamente (*nf*), Neurotubuli (*nt*), leere (*vl*) und kontrastreiche Vesikel (*vk*). Epithelzellkern (*K*), Axolemm (*al*), Zellmembran (*Zm*), Tonofilamentbündel (*t*). Vergr. 1:22000. (b) „Nacktes" Axon (*a*) zwischen zwei Epithelzellen (*E*). Die Nervenfaser enthält zahlreiche Mitochondrien (*m*), lysosomenartige dense bodies (*db*), sowie leere (*vl*) und kontrastreiche Vesikel (*vk*). Vergr. 1:20000

ausläufern innerhalb der epithelialen Basalmembran. Die die Axone teilweise umhüllenden Schwannzellausläufer zeigen ein helles Zytoplasma mit wenig Strukturelementen. Bis auf einige Pinozytosebläschen und vielen feinsten Filamenten sind freie Ribosomen, Glykogengranula und Mitochondrien nur in geringer Anzahl enthalten. Sie lassen sich gut von den basalen Epithelzellen unterscheiden.

Axone und Schwannzellen verlaufen noch längere Zeit gemeinsam zwischen der Basalmembran und den Epithelzellen, wobei sich die Lemnozytenausläufer allmählich verlieren. Die nunmehr nackten Axone winden sich dann in den Interzellularspalten, mehr oder weniger freiliegend, oder seltener von Epithelzellen mesaxonartig umgeben, in höhere Schichten. Axolemm und Plasmalemm sind immer gut gegeneinander abzugrenzen. Der Spalt ist 200 Å breit. Durch den Nachweis der typischen Strukturen im Axoplasma lassen sich die intraepithelialen Nervenfasern von Melanozyten oder Langerhansschen Zellausläufern unterscheiden. Anhand von Serienschnitten kann man nachweisen, daß die meisten Axone in den basalen Epithelbereichen enden. Nur in wenigen Fällen sind sie bis zur Mitte des Stratum spinosum zu verfolgen.

Die Mehrzahl der intraepithelialen Axone beinhalten leere Vesikel (400 bis 600 Å). Daneben beobachtet man sporadisch kontrastreiche Bläschen. Neurotubuli treten gegenüber den Neurofilamenten stark in den Hintergrund (Abb. 23). Ist das Axoplasma der vesikelhaltigen Nervenfasern nur noch durch einen kleinen Spalt (ca. 200 Å) von der Plasmamembran der Epithelzelle getrennt, so sind manchmal in dem benachbarten Zytoplasma ähnliche bläschenartige Strukturen zu erkennen. Membrangebundene Vesikel auf der Seite des Keratinozyten, sowie Verdichtungen der Membran sind nicht zu beobachten.

Während man noch unmittelbar innerhalb der epithelialen Basalmembran zahlreiche Axone unterschiedlichen Mitochondriengehalts vorfindet, lassen sich diese in höheren Zellagen nur sehr selten nachweisen (Abb. 23a). Im Axoplasma dieser Nervenfasern beobachtet man neben lysosomenartigen „dense bodies" mit konzentrischen Myelinlamellen, multivesikuläre Körper.

In den oberen Schichten des Stratum spinosum liegen in den sehr eng gewordenen Interzellularspalten vielfach Strukturen, die man als degenerierte Achsenzylinder deuten könnte. Neben geplatzten Mitochondrien und Vesikeln liegt nur noch ein bruchstückhaftes Axolemm vor. Neurotubuli und Filamente sind nicht mehr vorhanden.

Weder im subepithelialen Bindegewebe noch im Epithel konnten Strukturen in der Art von Mitochondriensäcken (Böck, 1971a; Plenk und Raab, 1969; u.a.) beobachtet werden.

3. Lamellär differenziertes Endorgan

In der Papilla fungiformis von Rhesus, Schimpanse und Javaneraffe konnten lichtoptisch eingekapselte Lamellenkörperchen nachgewiesen werden (Abb. 15 bis 18). Beim Rhesus- und Javaneraffen liegen sie meist unter den seitlichen Epithelzapfen, die von der Zungenoberfläche in die Tiefe ragen (Abb. 6). Beim Schimpansen findet man sie häufiger in den Ursprungskegeln der Sekundärpapillen. Sie liegen subepithelial; nur in 2 Fällen ließ sich der Nachweis eines unmittelbaren Epithelkontaktes erbringen. Sowohl bei Rhesus als auch beim Schimpansen tritt in jedes Körperchen jeweils nur ein markhaltiger Nerv ein. Viele lamellierte Endigungen werden von einem Gefäßkranz umgeben, epithelnahe Formationen werden kelchförmig umschlossen.

Die Körperchen haben ovale Form, sind etwa 40—70 μ lang, haben einen Durchmesser von 30—40 μ und liegen in Richtung der Hauptachse der Papilla

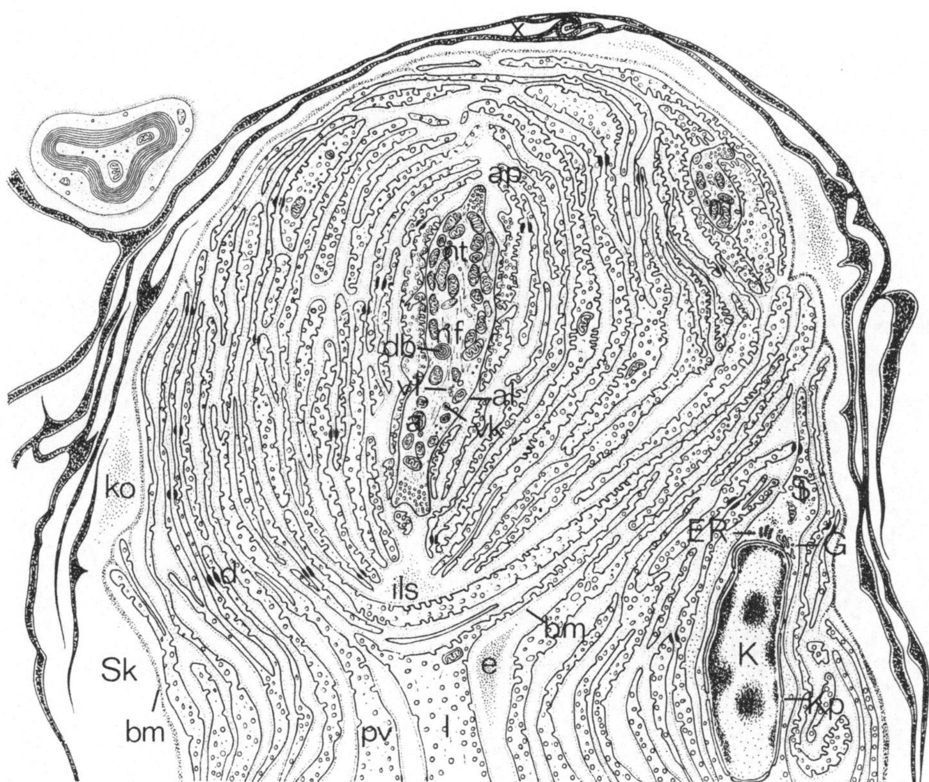

Abb. 24. Halbschematische Darstellung eines lamellär differenzierten Endorgans (Ausschnitt),
Papilla fungiformis, Rhesusaffe. Nach außen wird das Nervenendorgan durch eine dünne,
lückenhafte fibrozytäre Kapsel (x) abgeschlossen. Sie grenzt nach innen an einen Subkapsularraum (SK) mit kollagenen Fasern (ko). Die Lamellen (l) sind Ausläufer von Schwannzellen (S) und besitzen eine eigene Basalmembran (bm). Sie liegen konzentrisch um die Axone
(a). Das Zytoplasma enthält vorwiegend Pinozytosevesikel (pv), deren Anzahl in Richtung
Axon zunimmt. Die Lamellen werden durch endoneurale Bindegewebsfibrillen (e) getrennt,
gelegentlich beobachtet man desmosomenartige Kontakte (d). Im Zentrum und am Rande
des Endorgans liegen terminale Axone (a) mit axoplasmatischen Protrusionen (ap), die in die
interlamellären Spalte (ils) ragen. Mitochondrien (m) liegen am Axolemm (al); Neurotubuli
(nt) und Neurofilamente (nf) vorwiegend im Zentrum. Bestandteile des Axoplasmas sind
leere (vl), kontrastreiche Vesikel (vk) und dense bodies (db). Schwannzellkern (K), Kern-
poren (Kp), Nucleolus (n), rauhes endoplasmatisches Retikulum (ER), Golgi-Apparat (G)

fungiformis. Lichtoptisch wirkt das Zentrum der Körperchenwindungen durch
den Mitochondrienreichtum etwas dunkler als die fein lamellierte Umgebung. Zum
Bindegewebe werden sie durch eine Kapsel aus 1—2 Lagen feiner Fibrozytenausläufer begrenzt.

Bei Eintritt in das Körperchen verliert die markhaltige Nervenfaser ihre
Myelinscheide. Die nunmehr marklose Faser teilt sich in 7—10 Endaxone unter
gleichzeitiger Aufspaltung der Schwannscheide, die jedes Axon in Form konzentrischer Lamellensysteme umwickelt (Abb. 24, 25). Die Endaxone bilden knäuel-
artige Strukturen, ihr Verlauf ist komplex (Abb. 27). Nach der Aufzweigung

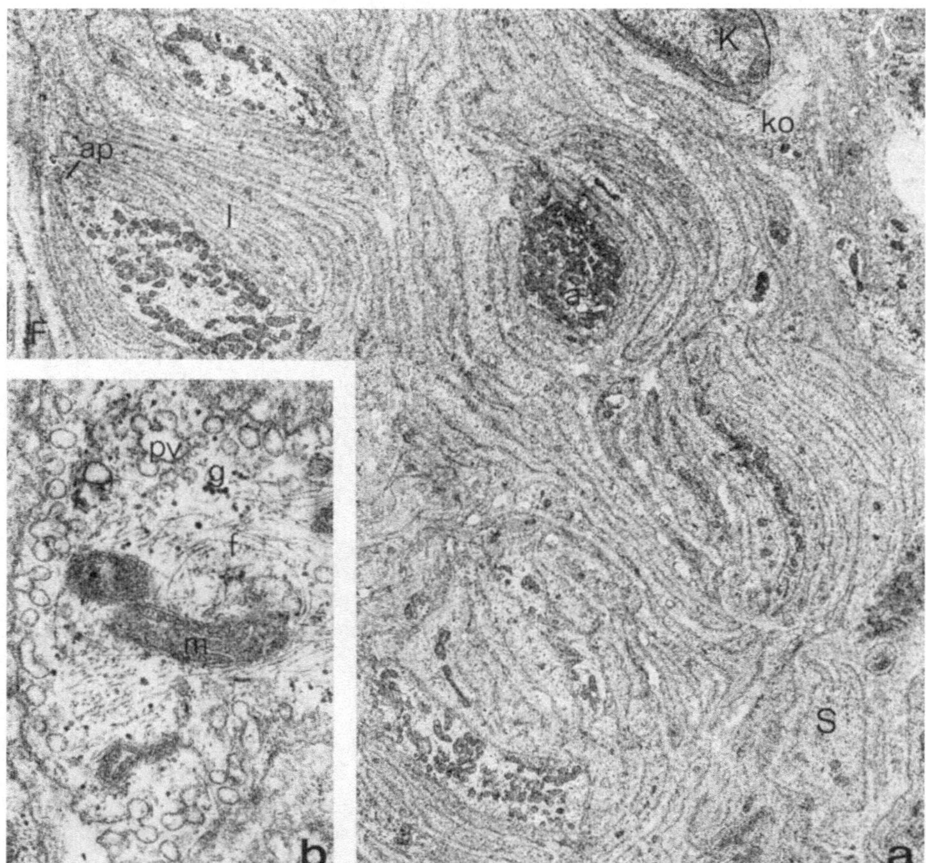

Abb. 25a u. b. Lamellär differenziertes Endorgan, Papilla fungiformis, Javaneraffe. (a) Die Nervenendigungen (a) enthalten unterschiedlich viel Mitochondrien. Sie werden von konzentrisch angeordneten Lamellen (l) umgeben und enthalten zahlreiche Pinozytosevesikel. Zwischen der fibrozytären Kapsel (F) und den Lamellen liegen kollagene Fibrillen (ko). Axoplasmatische Protrusion (ap). Schwannzelle (S), Schwannzellkern (K). Vergr. 1:5000. (b) Ausschnitt aus Abb. 20a: Schwannzellamellen: Im Zytoplasma: Ungeordnet verlaufende Filamente (f), Mitochondrien (m), Glykogengranula (g), sowie zahlreiche Pinozytosevesikel (pv), die auch konfluieren können. Vergr. 1:24000

differenziert sich im Axoplasma eine mitochondrienreiche Außenzone und ein neurofilamentenreiches Zentrum. Mikrotubuli sind axial ausgerichtet. Leere und kontrastreiche Vesikel sind selten. In Richtung zur Rezeptorendigung schwillt das Axon an; die Mitochondrienzahl nimmt zu, bis sie das gesamte Axoplasma ausfüllen. In weniger dicht mit Mitochondrien gefüllten Axoplasmaregionen beobachtet man zusätzlich leere und kontrastreiche Vesikel (300—1200 Å), lysosomenartige „dense bodies" mit konzentrischen Myelinlamellen, multivesikuläre Körper sowie Glykogengranula. Den Schwannzellamellen benachbart zeigen sich im Axoplasma membrangebundene Vesikel von der Größe der pinozytotischen Bläschen. Vom Rezeptoraxon ausgehend dringen fingerförmige axoplasmatische Ausläufer in die Spalten zwischen den inneren zytoplasmatischen Schwannzell-

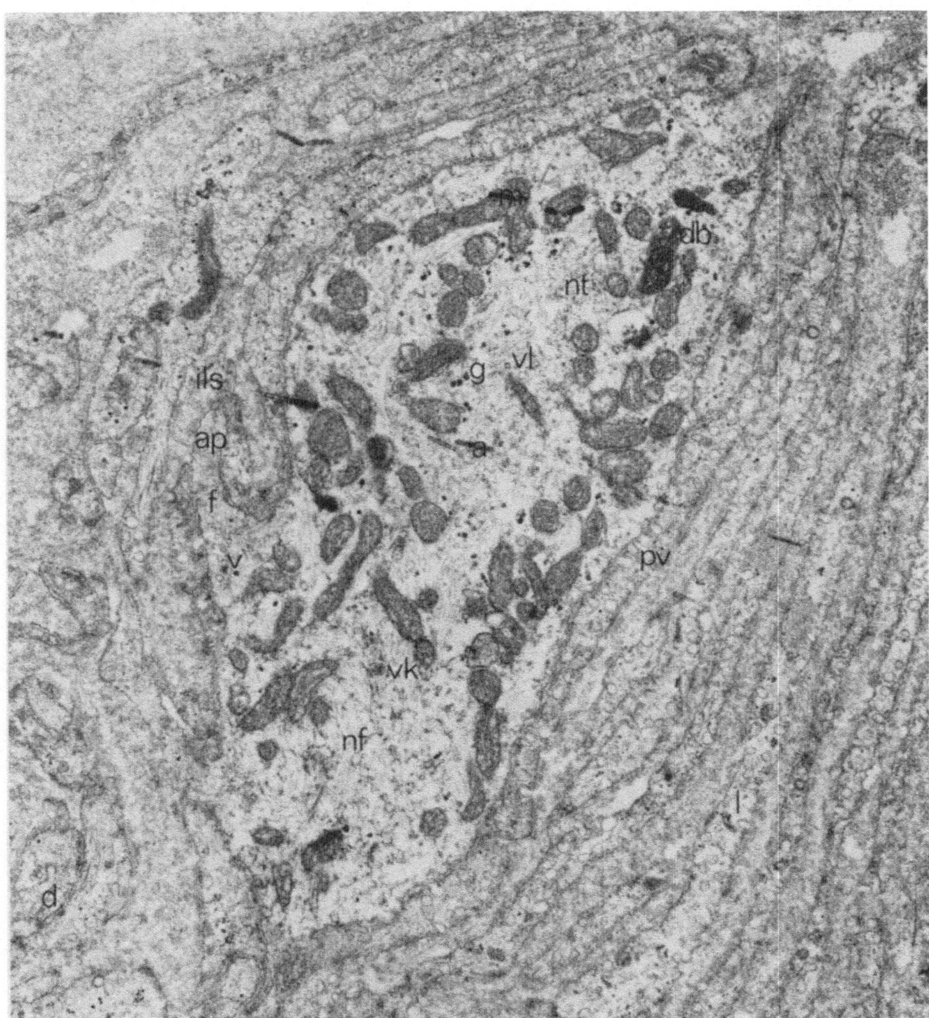

Abb. 26. Lamellär differenziertes Endorgan, Papilla fungiformis, Javaneraffe. Nervenendigung (a) mit Lamellen (l). Die Lamellen zeigen eine hohe Pinozytoseaktivität (pv). Nähern sich die Lamellen sehr stark, beobachtet man gelegentlich desmosomenartige Kontakte (d). Im Axon sind die Mitochondrien (m) und einige dense bodies (db) peripher lokalisiert. Im Zentrum liegen Neurofilamente (nf), Neurotubuli (nt), Glykogengranula (g); kleine leere Vesikel (vl) und kontrastreiche Bläschen (vk), die als Teil der Rezeptormatrix angesehen werden, liegen unter dem Axolemm. Axoplasmatische Protrusionen (ap) zwängen sich in den interlamellären Spalt (ils). Diese enthalten kleine Vesikel (v) und feine Filamente (f). Vergr. 1:32000

lamellen (Abb. 24—26, 29). Das Axoplasma dieser Protrusionen wird von einem feinfilamentären Material und zahlreichen leeren Vesikeln ausgefüllt. Diese Ausläufer stellen den direkten Kontakt mit dem endoneuralen Bindegewebe dar. Die Nervenendigung wird von einer Basalmembran umgeben.

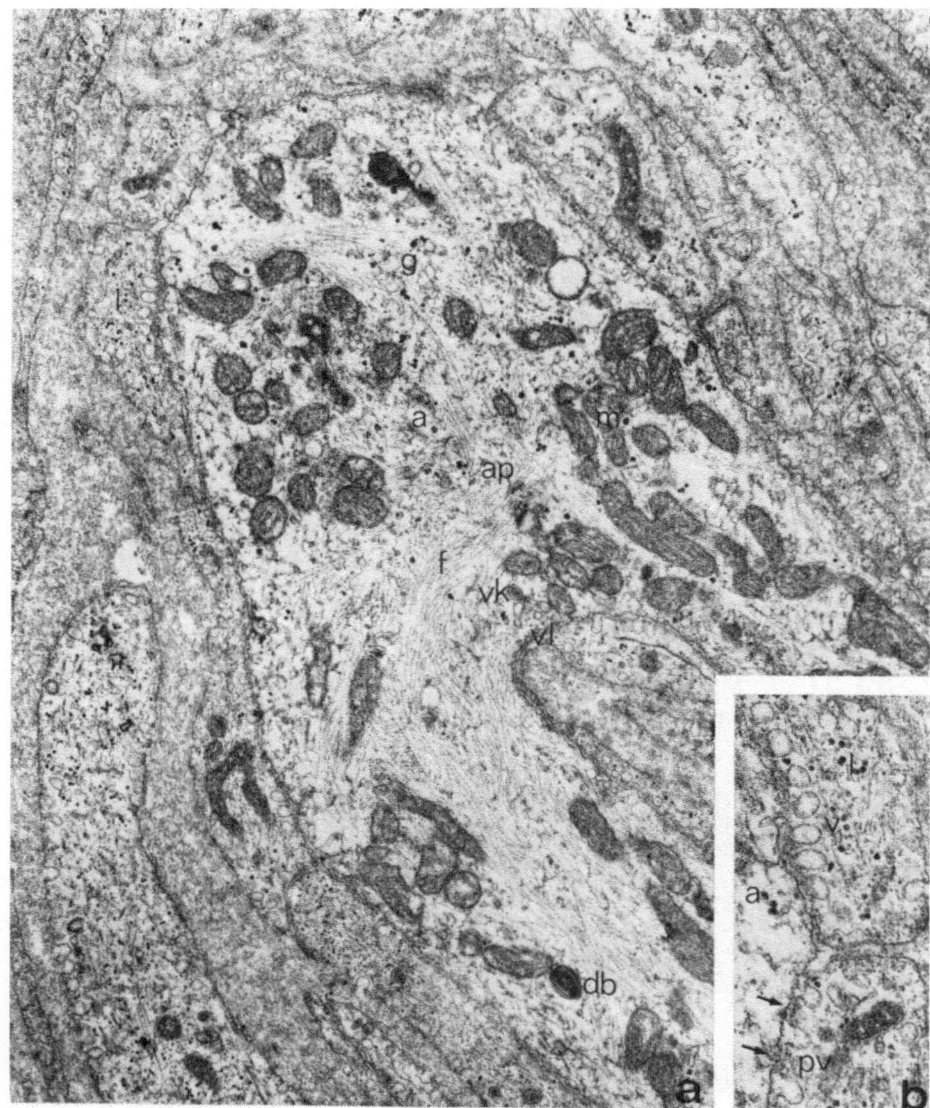

Abb. 27 a u. b. Lamellär differenziertes Endorgan, Papilla fungiformis, Javaneraffe. (a) Im Axoplasma (*ap*) der Nervenendigung (*a*) liegen peripher lokalisierte Mitochondrien (*m*), granuläre (*vk*) und agranuläre Vesikel (*vl*). Daneben findet man Glykogengranula (*g*), Filamente (*f*), dense bodies (*db*). Die Lamellen (*l*) grenzen dicht an die Nervenendigung. Vergr. 1:19000. (b) Ausschnitt aus Abb. 27 a: Pinozytosevesikel (*pv*) öffnen sich in den Spalt zwischen der Nervenendigung (*a*) und der Schwannzellamelle (*l*). Andere Vesikel (*v*) sind noch geschlossen. Grundsubstanzverdichtung zwischen Axolemm und Lamellenmembran (Pfeile). Vergr. 1:38000

Die langen, dünnen lamellenartigen Ausläufer der Schwannzelle, die jedes Endaxon umgeben, besitzen eine eigene Basalmembran. Der Hauptanteil der Zellorganellen liegt im Perikaryon, zahlreiche Mitochondrien, ein gut entwickeltes granuläres

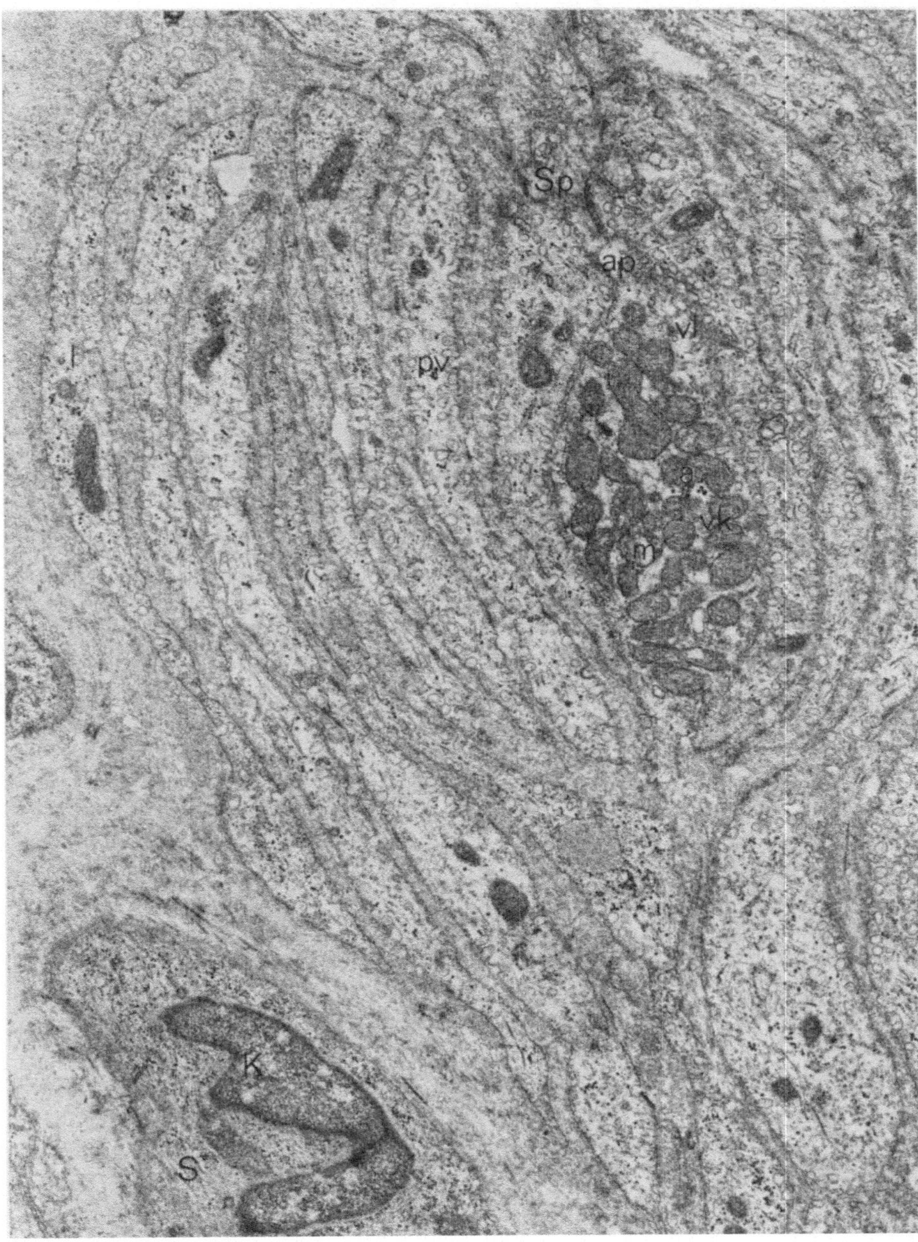

Abb. 28. Lamellär differenziertes Endorgan, Papilla fungiformis, Javaneraffe. Ausschnitt aus Abb. 25a. Das Axon (*a*) enthält zahlreiche Mitochondrien (*m*), sowie leere (*vl*) und kontrastreiche Vesikel (*vk*). Beachte die axoplasmatischen Protrusionen (*ap*) in einem lamellenfreien Spalt (*Sp*). Die Anzahl der Pinocytosevesikel (*pv*) wird in Richtung zum Axon größer. Die Lamellen (*l*) liegen konzentrisch um die Nervenendigung. Schwannzelle (*S*) mit Kern (*K*). Vergr. 1:16000

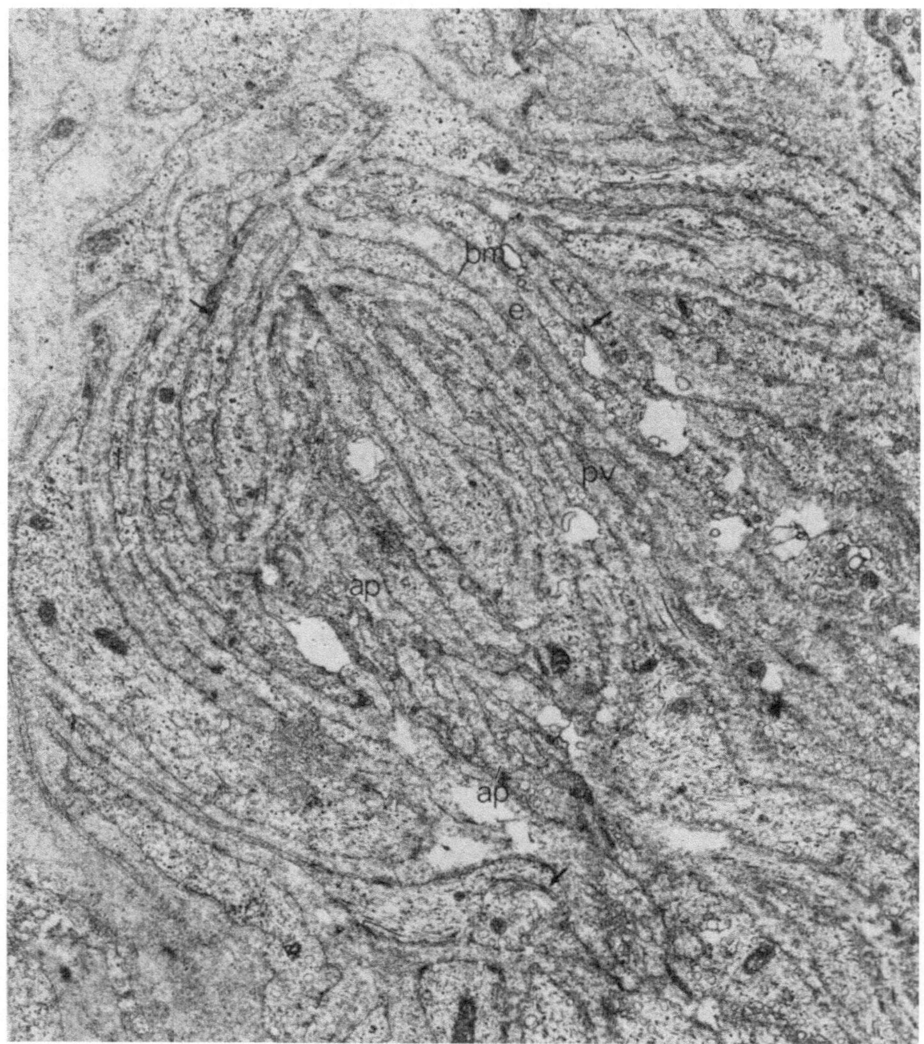

Abb. 29. Lamellär differenziertes Endorgan, Papilla fungiformis, Javaneraffe. Anschnitt unmittelbar über einer Nervenendigung. Die axoplasmatischen Protrusionen (*ap*) sind getroffen; um diese konzentrisch angeordnete Lamellen (*l*), die an der Peripherie in andere Lamellensysteme übergehen. Desmosomenartige Haftstellen (Pfeil). Pinozytosevesikel (*pv*). Zwischen den Lamellen Basalmembranen (*bm*) und endoneurale Bindegewebsfibrillen (*e*). Vergr. 1:13800

ER und ein ausgeprägter Golgiapparat. Das Zytoplasma der Lamellen enthält neben feinen Filamenten, freien Ribosomen, einigen Mitochondrien auffallend viele Pinozytosevesikel (Abb. 24, 25, 28). In Richtung zur axonalen Endigung nimmt die Anzahl dieser Vesikel noch zu. Relativ häufig kann ein Konfluieren mehrerer pinozytotischer Bläschen mit einem gemeinsamen Stiel an der Lamellenmembran beobachtet werden (Abb. 25b). Kern und Perikaryon der Schwannzellen liegen meist an der Peripherie des Endorgans. Die Anordnung der Lamellen um die End-axone ist konzentrisch, die Organisation der Ausläufer, die benachbarte Lamellen-systeme verbinden, ist ungerichtet (Abb. 29). Die Lamellen werden durch einen interlamellären Spalt voneinander getrennt. Dieser Spalt ist unterschiedlich breit, und er wird von feinen Faserzügen endoneuralen Bindegewebes gefüllt. An Stellen, wo dieser Spalt sehr eng wird, kommt es zwischen benachbarten Lamellen zu desmosomenartigen Kontakten (Abb. 24—26).

Zur Peripherie wird das gesamte Lamellensystem mehrerer Schwannzellen durch eine Basalmembran begrenzt. Außerhalb dieser Basalmembran schließt sich ein Raum an, der von derben Kollagenfibrillen ausgefüllt ist. In diesem Sub-kapsularraum sind die Kollagenfibrillen scherengitterartig angeordnet.

Die eigentliche Kapsel wird durch fibrozytenähnliche Zellen gebildet, die das Endorgan mit 1—2 Schichten konzentrisch umfassen (Abb. 24). An einigen Stellen ist die Kapsel nicht ganz geschlossen, so daß ein Verbindung zum um-gebenden Bindegewebe möglich ist.

Diskussion

Bemerkungen zu den rasterelektronenmikroskopischen Befunden

Mit dem Oberflächenbild der Zunge haben sich schon mehrere Autoren raster-elektronenoptisch beschäftigt. Man findet ausführliche Darstellungen der Ge-schmacksknospenregionen (Beidler, 1969a; Graziadei, 1969) oder Untersuchungen über die gesamte Zungenoberfläche, z.B. von Kaninchen und Ratte (Yamamoto und Okabe, 1969; Fujita, 1969; Švejda und Škach, 1971). Neuerdings beschäf-tigten sich einige Verfasser mit der Menschenzunge. Škach und Švejda (1972) be-schreiben die Papilla filiformis und Švejda und Janota (1972) die Papilla foliata des Menschen.

Die Oberfläche der menschlichen Papilla fungiformis erweist sich im Vergleich zum Rhesusaffen als strukturlos und verhältnismäßig glatt (Abb. 1, 2a). Švejda und Janota (1972) zeigen an den Papillae foliatae, daß die des Kindes gegenüber der der Erwachsenenpapille starke Abschilferungen zeigt. Sie vermuten, daß die Epithelschichten beim Kind noch nicht so markant differenziert sind. Möglicher-weise liegen bei den hier untersuchten Formen verschiedene Altersstufen vor.

Befunde über verschiedenartige Ausformungen der Geschmacksporen zeigen sich nicht nur an den untersuchten Arten, sondern lassen sich auch bei anderen Formen wie z.B. bei Ratte, Nutria, Meerschweinchen und Wasserschwein (Eisen-acher, 1974) nachweisen. Die kleinzelligen Elemente, die man vorwiegend in den Geschmacksknospenöffnungen, aber auch gelegentlich auf der Oberfläche findet, könnten Lymphozyten darstellen, wie dies auch Švejda und Škach (1971) an-deuten.

Leistenartige Strukturen (Abb. 2b), die besondere Ausformungen des Ober-flächenreliefs der Epithelzellen darstellen, wurden vor allem bei der Papilla fungi-formis des Menschen beobachtet. Morphologisch ähnliche Elemente wiesen in der Gingiva des Menschen unter normalen und pathologischen Bedingungen Morgen-roth und Morgenroth jun. (1970) nach, am Corneaepithel Blümke und Morgenroth

48 H. W. Beckers

(1967) und an der Papilla fungiformis der Ratte Švejda und Škach (1971). Morgenroth und Morgenroth jun. (1970) deuten diese Bilder als einen Abdruck der Desmosomen tieferer Zellschichten. Ob das granuläre Muster auf den Epithelzellen beim Rhesusaffen (Abb. 4c) ein anderes Zelloberflächenmuster darstellt, oder ob es eine Art Zungenbelag ist, kann nicht mit Bestimmtheit gesagt werden.

Wie schon Sonntag (1925) in seiner Untersuchung über die Zunge andeutet, gibt es nicht nur Unterschiede zwischen den Papillen der einzelnen Säugetierarten, sondern auch zwischen denen eines Individuums. Besondere intraspezifische Variabilität zeigte sich beim Menschen und Schimpansen. Speziesunterschiede sind möglicherweise auch auf die unterschiedliche Art und Konsistenz der Nahrungsmittel zurückzuführen, so wie es Cane und Spearman (1969) annehmen. Allerdings haben sie Papillen miteinander verglichen, die für die Beantwortung solcher Fragen ungeeignet erscheinen.

Für die Deutung der rasterelektronenmikroskopischen Befunde ist die vorausgehende sorgfältige Präparation der Proben von entscheidender Bedeutung. Radikale Entwässerungs- und Trocknungsmethoden führen zu einer Deformation der Oberfläche, unzulängliche Bedampfung hat eine Fehlinterpretation zur Folge. Als die zur Zeit für das Gewebe schonendste Methode gilt die, welche in dieser Arbeit nach Fromme u.Mitarb. (1972) angewandt wurde.

Obgleich alle Proben gleichzeitig und gleichartig behandelt wurden, sind Unterschiede in der Oberflächenstruktur nachzuweisen, die einer weiteren Klärung bedürfen.

Bemerkungen zur Gefäßarchitektur

Im Prinzip stellt sich das Blutgefäßsystem der Papilla fungiformis so dar, daß ein oder mehrere zentrale Arteriolen zur Oberfläche ansteigen, sich dort, wo viele Sekundärpapillen entspringen, zum ersten Mal teilen und unter konstanter Abgabe weiterer Äste von der Mitte oder dem oberen Drittel ab ein subapikales Kapillarnetz bilden. Daneben findet man viele randständige Gefäße, die sich unter sehr zahlreichen Aufteilungen an der Bindegewebs-Epithel-Grenze entlangwinden. Sie drängen sich bis in die äußersten Bindegewebsausfaltungen, haben also eine sehr nahe Beziehung zum Epithel. Dieses Gefäßnetz besteht sowohl aus venösen als auch aus arteriellen Kapillaren und nimmt am Aufbau des subapikalen Gefäßplexus teil.

Untersuchungen über die Gefäßarchitektur der Papilla fungiformis sind in der Literatur selten. Ellis (1959) beschreibt das Blutgefäßsystem der Papilla fungiformis vom Schimpansen und Macaca unter Einbeziehung der Verhältnisse beim Kaninchen. Dabelow, G. (1951) stellt nach eingehender Untersuchung der Hundezunge die Gefäßversorgung einer kleinen Papilla fungiformis an der Zungenspitze der einer großen Papille aus der Wallpapillenregion gegenüber. Bei der kleinen Papille zieht eine zentrale Arteriole zur Spitze, um sie dann nach Ausbildung eines subapikalen Kapillarnetzes als zentrale Venole zu verlassen. Das Gefäßsystem der großen Papille, das die Autorin beschreibt, kommt dem der untersuchten Formen sehr nahe. Der Zufluß erfolgt über eine zentrale Arteriole und der Abfluß, nach einer Gefäßplexusbildung an der Papillenspitze, nicht nur über eine zentrale, sondern auch über randständige Venolen. Im Vergleich mit den Befunden der Autorin kann dieses Prinzip der Blutversorgung in den Papillae fungiformes aller untersuchten Arten und in allen Zungenregionen nachgewiesen werden. Innerhalb des Kapillarnetzes an der Papillenspitze beobachtet man den Kegel des sich entfaltenden Nerven, sowie bei Rhesus einige Lamellenkörperchen.

Wegen der komplexen Struktur des Blutgefäßsystems in den fungiformen Papillen der untersuchten Arten wurde nur der Versuch einer Rekonstruktion der Gefäßversorgung einer Bindegewebsleiste und eines Zapfens an der Papillenspitze unternommen (Abb. 12). Schon dieser Abschnitt zeigt die Vielfalt der Anastomosen. Durch Kontakte mit benachbarten Gefäßen werden unzählige Querverbindungen hergestellt. Man kann dieses Kapillarnetz mit einem Korb vergleichen, der der Papille je nach Füllungszustand einen inneren Widerstand verleiht. Gleiches gilt für die Sekundärpapillen.

Versucht man nun, eine Beziehung zu den nervösen Strukturen innerhalb der Papille im Sinne einer vasosensorialen Funktionseinheit (Ortmann, 1955) herzustellen, so kommt man zu folgendem Ergebnis: Nervenendstrukturen zwischen Epithel und Kapillarnetz ruhen bei gefüllten Gefäßen auf einem relativ harten Polster. Äußere mechanische Reize werden dadurch verstärkt auf den Mechanorezeptor übertragen. Thermo- oder Geschmacksrezeptoren arbeiten aufgrund der nahen räumlichen Beziehung zu dem Blutgefäßnetz in einem Temperaturoptimum (Dubreuil, 1931; Runge, 1952). Sie können auf Abweichungen von der Norm sofort reagieren.

Beim Regulationsmechanismus der Blutdurchströmung durch die Papilla fungiformis ist nicht nur die reiche Anastomosierung und Innervation von Bedeutung, sondern auch Spezialeinrichtungen wie quergestreifte Muskelfasern, die an Gefäßen ansetzen können. Ebenfalls müssen arterio-venöse Anastomosen berücksichtigt werden. Beim Menschen können die Muskelfasern direkt an Gefäße ansetzen (Abb. 11a), bei Rhesus beobachtet man schlingenartige Sehnen um die Vene, in die die zentrale Venole vorher einmündet. Die Sehnen gehen von tiefer gelegenen vertikal ausgerichteten quergestreiften Muskelfasern aus. Diese anatomische Besonderheit könnte die Beobachtung von Ortmann (1955) unterstützen, daß sich die Blutversorgung der Papilla fungiformis bei Muskelkontraktion erhöht.

Arterio-venöse Anastomosen, wie sie Dabelow, G. (1951) an der Hundezunge nachwies, konnten nicht beobachtet werden.

Bemerkungen zu den präterminalen Nervenfasern und den freien Nervenendigungen im subepithelialen Bindegewebe

Im subepithelialen Bindegewebe sind die Axone nur noch zum Teil vollständig von der Schwannzelle umhüllt und haben an den Stellen, wo sie nur noch von der Basalmembran bedeckt werden, eine besonders enge Beziehung zu der Umgebung. Häufig erkennt man dort, wo die Axone an die Basalmembran grenzen, eine dichte Annäherung von Fibrozytenausläufern, wobei es nicht selten zwischen Bindegewebszelle und Basalmembran zu bandartigen Grundsubstanzverdichtungen kommt. Regelmäßig beobachtet man parallel gelagerte Kollagenfibrillen in unmittelbarer Nähe der Nervenfasern. Nafstad (1972) beschreibt Auflösungen der Basalmembran in derartigen Bereichen. Solche Konfigurationen mit Auflösung der Basalmembran konnten nicht beobachtet werden.

Cauna (1968) und Cauna *et al.* (1969) vermuten, daß die präterminalen Fasern nach Verlust der perineuralen Schutzhülle nicht nur zur Impulsleitung befähigt sind, sondern auch effektorisch oder rezeptorisch wirksam sein könnten. Brettschneider (1966) ordnet in diesem Zusammenhang der Basalmembran eine Vermittlerrolle zwischen Axon und Effektorstruktur bei der Übertragung zu.

Bei der Untersuchung der Nervenfasern und deren Endigungen im subepithelialen Bindegewebe werden im Zytoplasma einiger Schwannzellen, die gleiche Axontypen umhüllen, Pinozytosebläschen beobachtet. Diese sind jedoch unregelmäßig verteilt und treten in unterschiedlicher Anzahl in Erscheinung. Nach Cauna (1966, 1968) sind sie typisch für die Schwannzellen sensorischer Nerven, während Nafstad (1972) vermutet, daß jede Zelle, die mit einem Axon in Berührung tritt, diese Aktivität aufweist. Die Beobachtungen und Annahmen beider Autoren können nicht bestätigt werden, da die Pinozytosebläschen, wie oben erwähnt, in allzu unregelmäßiger Lokalisation und Anzahl zu beobachten sind.

In der vorliegenden Arbeit wurde versucht, alle marklosen Nervenfasern und deren Endigungen im subepithelialen Bindegewebe darzustellen. Es wird zwischen vesikel- und mitochondrienhaltigen Axonen unterschieden. Die Vesikel differieren nach Größe und Inhalt. Der erste Nervenfasertyp enthält vorwiegend leere Vesikel mit einem Durchmesser von 400—700 Å. Zahlreiche Autoren halten diese mit leeren Vesikeln gefüllten Axone für cholinerg (Wittaker, 1966; De Robertis, 1967).

Der zweite Axontyp weist zusätzlich eine weitere Vesikelart mit elektronendichtem Zentrum (800—1 200 Å) auf (Abb. 20 b). In der Literatur werden diese Vesikel als Elementargranula, dense core vesicles, complex vesicles und osmiophilic vesicles bezeichnet (Van der Zypen, 1967; u. a.). Nach Grillo und Palay (1962) tragen sie die Bezeichnung Granula Typ I und enthalten den Wirkstoff Adrenalin. Untersuchungen von Tranzer und Thoenen (1968) haben ergeben, daß sie in sympathischen Nervenfasern biogene Amine speichern können. Ob alle kontrastreichen Vesikel als Speicher von Katecholaminen anzusehen sind, kann mit den zur Untersuchung vorliegenden Methoden nicht geklärt werden.

Die im subepithelialen Bindegewebe des Javaneraffen beobachteten Nervenstrukturen sind aufgrund ihres Gehaltes an leeren und kontrastreichen Vesikeln den von Plenk und Raab (1970) beschriebenen effektorisch-regulatorischen Nervenfasern in der Gingiva morphologisch sehr ähnlich. Da die vesikelhaltigen Axone keine räumlichen Beziehungen zu den Gefäßendothelien zeigen, kommt dem interzellulären Gewebe und der Flüssigkeit, sowie den Bindegewebszellen eine wichtige Rolle bei der Erregungsübertragung zu (Plenk u. Raab, 1970).

Eine dritte Axonart, mit größerem Durchmesser als die vorherigen, enthält vorwiegend Mitochondrien, in geringerer Anzahl Neurotubuli, Filamente und Vesikel, meist mit leerem Inhalt (Abb. 19 a). Das Vorkommen von Glykogengranula und lysosomenartigen „dense bodies" ist ein weiteres Charakteristikum dieser Axone. Das Axolemm hat in umschriebenen Bereichen Kontakt mit der Basalmembran. An diesen Stellen zeigt das Axoplasma erhöhte Vesikulation. Die Grundsubstanz erscheint durch Filamente verdichtet. Gleichartige mitochondrienhaltige Nervenstrukturen können in den Geschmacksknospen der Papilla fungiformis nachgewiesen werden. Diese Beobachtung bestätigt die Befunde von Murray, Murray und Fujimoto (1969), De Lorenzo (1958), Farbman (1965 b), u.a.

Chiba und Yamaushi (1970) beschreiben ähnliche Strukturen an den „Terminal-Zellen" im Myokard. Plenk und Raab (1970) haben sie im Bindegewebe der Gingiva gefunden, Kolb *et al.* (1967) in der Pulmonalisklappe des Meerschweinchens. Daneben findet man sie in einigen Epithelien: Cornea [Withear (1960)], Haarfollikel [Orfanos (1969)]. In organhaften Endigungen mit sensibler rezeptorischer Funktion haben sie einen ähnlichen Aufbau (Pease und Quilliam, 1957; Cauna und Ross, 1960; Munger, 1968; Andres, 1966; u.a.).

Merkmale sensibler Fasern und rezeptorischer Endigungen sind nach Andres und v. Düring (1973) das gehäufte Vorkommen von Mitochondrien, axoplasmatischem Reticulum, Mikrotubuli und Neurofilamenten im Axoplasma. Die beobachteten „dense bodies" und Glykogengranula werden in den Untersuchungen von Matsuda (1968) und Chiba und Yamaushi (1970) ebenfalls als Kennzeichen afferenter sensibler Axone gehalten. Brettschneider (1966) sieht in dem Kontakt bläschenhaltiger, mitochondrienreicher Axone mit dem Bindegewebe ein Kriterium für afferente vegetative Nervenfasern mit rezeptorischen Aufgaben. Kolb *et al.* (1967) halten solche Nervenfasern, die Kontakt mit Kollagenfasern und der interstitiellen Flüssigkeit besitzen, für Chemo- oder Milieurezeptoren.

Obgleich Plenk und Raab (1969, 1970) sowie Cauna (1973) der Ansicht sind, daß man die Natur der Nervenfasern erst in ihren Endstrecken beurteilen kann — vegetative Nervenfasern bleiben polyaxonal, dagegen teilen sich sensorische in kleinste Einheiten auf —, so kann man aufgrund der Axoplasmastrukturen der Nervenfasern und ihrer Endigungen annehmen, daß es sich um sensible Nervenelemente handelt. Wegen der engen räumlichen und strukturgebundenen Beziehungen zu Kollagenfasern und Fibrozytenausläufern ist eine Übertragung mechanischer Reize möglich, und es läßt sich eine mechanorezeptorische Funktion vermuten. Außerdem könnte man sie als Thermo-, Noci-, Chemo- oder Milieurezeptoren ansehen, wie dies von einigen Autoren angenommen wird (Andres und v. Düring, 1973; Cauna, 1973; Kolb *et al.*, 1967; Brettschneider, 1966; Hensel, 1961; Böck, 1971 b).

Bemerkungen zu den intraepithelialen Nervenendigungen

Aus dem subepithelialen Bindegewebe treten bei der Papilla fungiformis des Javaneraffen eine Vielzahl von marklosen Nervenfasern an die Basalmembran des Epithels (Abb. 20a, 21), überschreiten sie und ziehen zwischen die Epithelzellen (Abb. 22, 23). Bei dem untersuchten Material ziehen die Axone jeweils mit der Schwannzellumhüllung in die epitheliale Schicht. Während im Epithel der Papilla filiformis (Kunze, 1969) und in der Haut des Menschen (Orfanos, 1965a, b; 1969) intraepitheliale Nervenfasern vermutet werden, konnten sie erstmals in der Papilla filiformis des Tigers von Kunze (1970) dargestellt werden. Böck (1971 b) bestätigte die Befunde an der Papilla filiformis des Meerschweinchens. Die Behauptung Setos, daß intraepitheliale Nervenfasern nur an unverhornten Epithelien vorkommen, ist damit widerlegt. Der bei der Papilla fungiformis zu beobachtende Reichtum an intraepithelialen nervösen Strukturen ist in den bisherigen Untersuchungen selten und nur das Eimersche Organ in der Schnauze des Maulwurfs dürfte stärker innerviert sein (Quilliam, 1966).

4*

Während bei einigen Epithelien, wie beim respiratorischen Epithel (Cauna *et al.*, 1969), bei der Nasenhaut des Maulwurfs (Halata, 1972), der Trachea (Luciano *et al.*, 1968, Brettschneider, 1966, 1973) und der Cornea (Withear, 1960; Matsuda, 1968) die Schwannzellen an der Basalmembran des Epithels enden, gelangen sie bei der Papilla fungiformis in das Epithel. Ähnliche Beobachtungen liegen von Kunze (1970) und Plenk und Raab (1970) vor. Vielleicht ist es eine Eigenart der Nervenfasern des Mundhöhlenbereiches, daß sie mit ihrer Umhüllung zwischen epitheliale Basalmembran und Basalzelle treten können. Diese Vermutungen werden durch Untersuchungen entsprechender Gewebe überprüft.

Der Großteil der intraepithelialen Fasern bleibt in dem Bereich zwischen den untersten Epithelzellen und der Basalmembran. Die wenigen Nervenfasern, die in höhere Schichten steigen, haben mit dem Axolemm freien Kontakt zum Interzellularspalt (Abb. 23) und werden nur selten von Epithelzellen invaginiert, so wie es andere Autoren beobachten (Tsuji, 1971; Matsuda, 1968; Halata, 1972). Zwischen Axon und Epithelzellen bleibt in der Basalschicht ein Spalt von 200 Å. Das Axoplasma enthält, wie die Befunde von Matsuda (1968) an der Cornea bestätigen, überwiegend Mitochondrien, daneben Neurotubuli, Filamente, sowie leere und kontrastreiche Vesikel in geringer Anzahl. Cauna u. Mitarb. (1969) sehen in den frei im Interzellularspalt liegenden Axonen der Nasenschleimhaut wegen der großen Berührungsfläche mit der interzellulären Flüssigkeit Chemo- oder Thermorezeptoren. In anderen Untersuchungen lehnt Cauna (1969, 1973) wegen der geschützten Lage tiefer gelegener intraepithelialer Axone mechanorezeptorische Fähigkeiten ab. Andres und v. Düring (1973) interpretieren in ihrer Arbeit über die Morphologie der Hautrezeptoren die intraepithelialen Nervenfasern als Thermorezeptoren. Schon Rein (1925) und Strughold (1925) kamen nach physiologischen Studien über die Temperaturempfindung der Zunge zu dem Ergebnis, daß besonders die Papillae fungiformes an der Spitze thermische Reize registrieren. Aufgrund dieser Resultate könnte die reichhaltige intraepitheliale Innervation der Papilla fungiformis der Thermorezeption dienen, zumal Andres und v. Düring die klassischen thermosensiblen Strukturen, wie Krausesche Endkolben und die Ruffinischen Körperchen in dieser Funktion infrage stellen. Nach ihrer Meinung agieren nicht nur die Nervenfasern zwischen Basalmembran und Basalzellbasis, sondern auch die in höheren Epithelschichten als Thermorezeptoren. Die Befunde der Autoren, daß die entsprechenden afferenten Nervenfasern schon charakteristisch früh ihre Myelinscheide verlieren, und daß die Endigungen eine spezifische Rezeptormatrix mit kleinen Vesikeln und Anhäufungen von Mitochondrien besitzen, kann in den vorliegenden Untersuchungen bestätigt werden.

Folglich könnten den freien Nervenendigungen im Epithel der Papilla fungiformis nicht nur mechanorezeptive, wie dies von Brettschneider (1973) über intraepitheliale Axone in der Trachealwand vermutet wird, sondern auch thermorezeptorische Aufgaben zukommen.

Interessant bezüglich der funktionellen Möglichkeiten der intraepithelialen Nervenfasern sind die Befunde von Späth (1973) über die Thermorezeption bei Fischen. Der Autor konnte feststellen, daß die freien Nervenendigungen in der Haut sowohl auf mechanische, als auch auf thermische Reize reagieren.

Bemerkungen über das lamellär differenzierte Endorgan

Das in der Papilla fungiformis untersuchte lamellär differenzierte Endorgan (Abb. 24, 25) besteht aus Nervenendigungen, Lamellenzellen und einer Kapsel.

Kapsel. Die eigentliche Nervenendigung wird von einer nur spärlich ausgebildeten meist unvollständigen Hülle aus 2 Zellagen umgeben. Aufgrund ihrer Morphologie, stark ausgeprägtes granuläres ER, geringe Zahl pinozytotischer Bläschen und Fehlen einer Basalmembran, lassen sich diese Zellen den Fibrozyten zuordnen, die möglicherweise den Übergang zum Perineurium darstellen (Cra-. vioto, 1966; Poláček u. Malinovský, 1971; Shantaveerappa und Bourne, 1962). Gleichwertige Aussagen machen Andres und v.Düring (1973) über die Natur der Kapselzellen. Dagegen konnten Kollagenfibrillen, die durch die unvollständige Kapsel vom umgebenden Bindegewebe oder dem Epithel in das Endorgan einstrahlen, nicht beobachtet werden.

Subkapsularraum. Bei dem untersuchten Endorgan in der Papilla fungiformis liegt zwischen den Kapselzellen und den Lamellen, dem Subkapsularraum, eine breite Schicht kollagener Fasern. Eine direkte Kapsel im Sinne Clydes *et al.* (1965) liegt nicht vor. Bei Mechanorezeptoren in den Schnäbeln von Vögeln kann der Subkapsularraum durch endoneurales oder wasserreiches Bindegewebe angereichert sein (Andres, 1969). Bei den in der Papilla filiformis des Menschen (Kunze, 1969) beschriebenen Endorganen wird die äußere Umhüllung durch kollagene und elastische Fasern sowie durch einige Kapillaren gebildet. Die Autorin diskutiert in diesem Zusammenhang einen Rückstellmechanismus nach Reizeinwirkung. V.Düring (1973) vermutet einen Schutzmechanismus gegen unspezifische Reize durch hohen Gewebsturgor.

Lamellensystem. Das auf den Subkapsularraum folgende System lamellenartiger Zellen ist nach außen durch eine gemeinsame Basalmembran abgeschlossen. Während von den meisten Autoren allgemein anerkannt wird, daß die zytoplasmatischen Lamellen von modifizierten Schwannzellen stammen, bleibt doch die Funktion der Lamellen, insbesondere die ihrer zytoplasmatischen Organellen ein häufig diskutiertes Thema. In den Lamellen selbst sind nur selten differenzierte Zellorganellen. Meist liegen rauhes ER, Golgiapparat und der Großteil der Mitochondrien nur in der Perinucleärzone. Das fein ausgezogene Zytoplasma (Abb. 27, 28) beinhaltet neben zarten Filamenten, freien Ribosomen vorwiegend Pinozytosebläschen unterschiedlichster Form und Größe. Über ihre Funktion gehen die verschiedenen Meinungen auseinander. Während Patrizi und Munger (1965) glauben, daß sie der Kontrolle der Ionenbewegung dienen, vermuten Cauna und Ross eine synaptische Aufgabe bei der Übertragung auf den Rezeptor. Durch den histologischen Nachweis von Dehydrogenasen und anderer oxydativer Enzyme in den Innenhofzellen des Vater-Pacinischen Körperchens glaubt Chouchkov (1971) an eine wichtige Stellung innerhalb des Energiehaushaltes, der zur Aufrechterhaltung der Rezeptorfunktion notwendig ist. Loo und Kanagasuntheram (1972) zeigen, daß die Zytoplasmaausläufer Cholesterinesterase-positiv sind. Um jedoch eine endgültige Gewißheit über die Funktion der Lamellen und der Pinozytosebläschen zu erhalten, müssen in Zukunft weitere histologische, histochemische und sinnesphysiologische Untersuchungen durchgeführt werden. Eine Funktion ist allgemein anerkannt: durch die desmosomenartigen Verbindungen (Abb. 26, 29) untereinander geben die Lamellen dem Endorgan eine gewisse Festigkeit (Kunze, 1969) und Elastizität. Wie bei anderen Endkörperchen, so findet man auch hier eine konzentrische Schichtung der Lamellen vor, die besonders in der Nähe der Nervenendigung deutlich wird.

Einen zirkulären Bindegewebsspalt an der Nervenendigung, wie z.B. am Vater-Pacinischen Körperchen oder paciniformen Endigungen (Poláček und Halata, 1970), findet man hier selten, bisweilen ist er nicht vorhanden. Pease und Quilliam (1957) halten diese „gaps" für nutritive Versorgungswege. Deshalb sind vielleicht bei einfachen lamellär differenzierten Endorganen, die diese Spalten nicht besitzen, weniger Lamellenschichten (Andres, 1969) und mehr Pinozytosevesikel (Poláček und Halata, 1970) zu beobachten.

Nervenendigung. Der markhaltige Nerv tritt von basal an das Körperchen, verliert beim Eintritt die Myelinscheide, und die Schwannzellumhüllung geht in Lamellensysteme über. Zu Beginn zeichnet sich das Axoplasma durch peripher gelegene Mitochondrien und zentrale, längsgerichtete Neurotubuli und Filamente aus. Zur Endigung treten in Relation zu proximalen Anteilen gehäuft kontrastreiche und optisch leere Vesikel in Erscheinung. Einige Autoren sehen in dem Teil der Axonanschwellung den rezeptorischen Abschnitt, wo die Mitochondrien noch an der Peripherie des Axolemms angeordnet sind (Abb. 26) (Chouchkov, 1971; Andres, 1969; Poláček und Halata, 1970; Nishi *et al.*, 1969; u.a.), andere vermuten die rezeptorische Nervenendigung dort, wo die Mitochondrien das gesamte Axoplasma füllen (Abb. 28) (Cauna und Ross, 1960; Kunze, 1969; Suzuki und Kurosumi, 1972). Andres und v. Düring nehmen mehrere rezeptorische Axonabschnitte an, die aufeinander folgen und durch leitende Abschnitte verbunden werden. Bei dem lamellär differenzierten Endorgan der Papilla fungiformis wird der Teil der Axonanschwellung für rezeptorisch gehalten, der durch peripher gelegene Mitochondrien gekennzeichnet ist, da hier ebenfalls die axoplasmatischen Protrusionen am deutlichsten ausgeprägt sind. Diese fingerförmigen Fortsätze enden, nur von der Basalmembran bedeckt, im Bindegewebe zwischen den Lamellen. Man findet sie an allen lamellierten Rezeptoren der Säugetiere (Andres, 1966, 1969, 1973). In Verbindung mit der Rezeptormatrix sind sie das wesentliche Kriterium eines Mechanorezeptors (Chouchkov, 1973a, b). Unter der Annahme, daß die sensible Nervenmembran propriozeptiv ist, sowie durch mechanische Reize depolarisierbar (Loewenstein, 1958; Ilyinsky, 1968), sind die axonalen Strukturen diesen Reizen besonders stark ausgesetzt. Nach Loewenstein (1958) reagiert die Axonmembran auf mechanische Reize mit „Alles-oder-Nichts"-Potentialen, deren Ursprung in dem ersten Ranvier-Knoten zu suchen ist. Die Mitochondrien des Axoplasmas spielen bei diesem Vorgang sicherlich eine wesentliche Rolle, denn sie deuten auf einen hohen Energieumsatz (Böck, 1971a) hin. Kurosumi u. Mitarb. (1969) vermuten in ihnen unter anderem eine wichtige Aufgabe für den Initialpuls, während Suzuki und Kurosumi (1972) annehmen, daß die Mitochondrien am Transformationsmechanismus von mechanischer Energie in elektrische Erregung teilnehmen.

In allen Untersuchungen über die Feinstruktur lamellär differenzierter Endorgane wird die morphologische Ähnlichkeit hervorgehoben und ihre mechanorezeptorische Fähigkeit anerkannt. Da sich das Endkörperchen in der Papilla fungiformis des Javaneraffen in der wesentlichen morphologischen Struktur der Endaxone, des Lamellensystems und der Kapsel von bisher bekannten nicht unterscheidet, ist es den lamellierten Mechanorezeptoren zuzurechnen.

Zusammenfassung

Die Papillae fungiformes von Rhesus- und Javaneraffe sowie von Schimpanse und Mensch wurden licht-, elektronen- und rasterelektronenmikroskopisch untersucht. Anhand von Semidünnschnittserien konnten die Bindegewebspapillen sowie Abschnitte des Nervenverlaufes in der Papillae fungiformes von Mensch und Rhesus rekonstruiert werden. Außerdem wurde ausschnittsweise der Gefäßverlauf in der Papille des Rhesusaffen dargestellt.

Die Form der Papilla fungiformis ist kegelförmig. Die Oberfläche kann sowohl gewölbt als auch plan sein. Die Papille wird von einem Graben umgeben, der nach außen von einem Ringwall begrenzt wird. Einfache oder verzweigte Hornfäden der seitlichen Sekundärpapillen durchdringen Graben und Ringwall und überragen das Mundhöhlenepithel.

Die Blutgefäßversorgung der Papilla fungiformes erfolgt über zentral und am Seitenrand der Papille gelegene Arteriolen und Venolen. An der Papillenspitze bilden sie einen Gefäßplexus.

Quergestreifte Muskelfasern ziehen in den zentralen Bereich der Bindegewebspapille des Menschen, bei Rhesus enden sie unterhalb der Papillenbasis. Sie weisen direkt oder über längere Sehnen Beziehung zu Gefäßen auf, und werden als Teil eines Regulationsmechanismus für die Durchblutung der Papille betrachtet.

Die Papilla fungiformis besitzt eine sehr reichhaltige Innervation. Die Aufspaltung des Nervenhauptstammes fällt mit den Ursprungskegeln der seitlichen Sekundärpapillen zusammen. Neben Nervenfasern für die Geschmacksknospen enthält der Hauptnerv Fasern, die zu lamellierten Mechanorezeptoren ziehen und solche, die im subepithelialen Bindegewebe sowie im Epithel enden. Nervenendigungen im subepithelialen Bindegewebe sind ihrer Struktur entsprechend vegetativer und sensibler Natur. Ihre chemo- bzw. milieurezeptorische Funktion sowie ihre Ansprechbarkeit auf mechanische und thermische Reize werden diskutiert. Die bis dahin unbekannte Vielzahl der intraepithelialen Nervenfasern wird meist von der Schwannzelle bis ins Epithel begleitet. Sie werden als Mechano-, Schmerz- und insbesondere als Thermorezeptoren interpretiert.

Die Papilla fungiformis ist aufgrund der vorliegenden Untersuchung als ein hochdifferenziertes Organ der Zungenoberfläche anzusehen, das nicht nur wie bisher angenommen als Geschmackspapille dient, sondern wesentlich an der Mechano- und Thermorezeption beteiligt ist.

Summary

The fungiform papillae of rhesus- and Javamonkey as well as which of chimpanzee and man have been investigated by light-, electron- and scanning electron microscopy. The connective tissue papillae and parts of the course of nerve budles in the fungiform papillae of man and rhesus monkey have been reconstructed. In addition the vascular course in the papilla of the rhesus monkey has been demonstrated.

The form of the fungiform papilla resembles a skittle. The surface either may be vaulted of flat. The papilla is surrounded by a ditch bounded by an annular wall of the outside. Simple or branched keratin cones of the lateral secondary papillae penetrate through the ditch and the annular wall and rise above the oral cavity epithelium.

The blood supply of the fungiform papilla takes place by arterioles and venules situated in the central part or the lateral border of the papilla. They form a vascular plexus at the top of the papilla.

Striated muscle fibres stretch into the central region of the connective tissue papilla of man; they terminate below the papilla base of the rhesus monkey. Directly or by longer tendons they have connection to blood vessels and they are considered to be a part of a regulating device in favour of the blood supply of the papilla.

The fungiform papilla has an abundant innervation. The branching of the main nerve trunk coincides with the origin of the lateral secondary papillae. In addition to nerve fibres of the taste buds the main nerve trunk includes fibres of the laminar mechano-receptors and some terminating in the subepithelial connective tissue as well as in the epithelium. Nerve terminations in the subepithelial connective tissue are in accordance with their structure of vegetative and sensible nature. Their chemo- respectively surroundings receptive function as well as their reactivity to mechanical and thermal irritations are discussed. The abundance of intraepithelial nerve fibres—unknown until now—is mostly accompanied by the Schwanncell as far as into the epithelium. They are interpreted to be mechano-, pain-, and especially thermoreceptors.

Based on the present investigation the fungiform papilla is considered to be a highly differentiated organ of the tongue surface not only acting as a taste papilla—supposed till now—but essentially participating in mechano- and thermoreception.

II. Zur Morphologie der Papilla fungiformis einiger Nagetiere

Einleitung

Vorliegende Arbeit schließt an den Untersuchungen von Kunze (1969) über die Papilla filiformis des Menschen an, in der aufgrund der Anwesenheit und Art der Nervenendformationen gezeigt werden konnte, daß sie vornehmlich der Rezeption der Tastempfindung dient.

Diese Arbeit beschreibt die Morphologie der als pilzförmigen Zungenpapille bezeichneten Papilla fungiformis von Ratte, Meerschweinchen, Nutria und Wasserschwein in lichtoptischer, ultrastruktureller und rasterelektronenmikroskopischer Sicht. Die vergleichende Darstellung der Ausformung der Papille, der Art der Epithel- und Bindegewebsbeziehung, der Modus der Gefäß- und Nervenversorgung soll der Klärung der Fragen dienen, ob einerseits bei nahe verwandten Formen ein einheitliches Bauprinzip für die Papilla fungiformis vorliegt, und ob andererseits mit der Zunahme der Körpergröße (Vergleich zwischen Meerschweinchen und Wasserschwein, dem größten rezenten Nager) Proportionsverschiebungen in der Papillenarchitektur einhergehen. Die anatomisch-physiologischen Betrachtungen über die Wärme- und Kälteempfindungen der Zunge von Rein (1925) und Strughold (1925) sollen mit der Art und Lokalisation der Nervenendkörperchen innerhalb der Bindegewebspapille bei den untersuchten Formen in Beziehung gesetzt, die Funktion der Papilla fungiformis als Organ der Zungenoberfläche spezifizieren.

Material und Methode

Die Papilla fungiformis der Zungenspitze und des vorderen Zungendrittels von Ratte (4♂) (Rattus norvegicus albino Wistar), Meerschweinchen (2♀) (Cavia aperea f. porcellus) und Nutria (2♂) (Myocastor coypus) wurden untersucht. Um die Morphologie der Papille auf ihre Artspezifität und Größenbeziehung hin zu überprüfen, wurde als der nächste Verwandte des Meerschweinchens und als größter rezenter Nager das Wasserschwein (1♀) (Hydrochoerus capybara) als Vergleichstier herangezogen.

Licht- und Elektronenmikroskopie. Perfusionsfixierung: in Nembutalnarkose wurden die Tiere nach Einbinden einer Glaskanüle in den linken Herzventrikel und Eröffnung des rechten Herzvorhofs mit einem auf pH = 7,4 gepufferten und mit 4% PVP versetzten Michaelispuffer 1 min (beim Wasserschwein 3 min) durchspült und anschließend mit einer gepufferten 3,5%igen Glutaraldehydlösung unter Zusatz von 4% PVP und 0,5% Novocain bzw. Procain perfundiert.

Nach der Fixierung (20 min) mit Phosphatpuffer (pH = 7,4) 20—30 min gespült. Entnahme der Zungen. Kleine Blöckchen aus dem vorderen Anteil der Zungen wurden herausgeschnitten. Einstündiges Auswaschen in Phosphatpuffer (Zusatz von Saccharose, 5%). Nachfixierung in ungepufferter 4%iger OsO$_4$-Lösung (2 Std). Entwässerung in aufsteigender Alkoholreihe und Einbettung über Epoxypropan in Araldit. Semidünn- und Dünnschnitte wurden mit dem Reichert-Ultramikrotom (Typ: Om U2) hergestellt.

Semidünnschnitte. Für die lichtmikroskopische Untersuchung wurden Schnittserien von $^3/_4$ μ Dicke angefertigt. Färbung nach einer Modifikation von Richardson mit Azur II-Methylenblau. Rekonstruktion der Bindegewebspapillen mit dem Perspektomat P-40 (Forster/Schweiz) unter einem Projektionswinkel von 30°.

Dünnschnitte. Die Nachkontrastierung der Schnitte erfolgte mit Uranylacetat (gesättigte Lösung in 70%igem Methanol) (5 min), anschließend mit Bleicitrat (5 min). Elektronen-optische Untersuchung und Aufnahmen am Siemens-Elmiskop 1, Strahlspannung 80 kV und Zeiss EM 9 A.

Rasterelektronenmikroskopie (SEM). Präparation der Zungenstückchen bis einschließlich der Entwässerung in der aufsteigenden Alkoholreihe in gleicher Weise wie die Proben für die licht- und elektronenoptische Untersuchung. Anschließend erfolgte die von Fromme *et al.* (1972) angegebene „Kritische Punkt"-Trocknung: Austausch von Alkohol gegen Frigen 11 in langsam steigenden Konzentrationen. In einer Druckkammer erfolgte mittels gasförmigem Frigen 13 die eigentliche Dehydratation. Anschließend wurden die Proben in einer Edwards-Aufdampfanlage (Modell E 12 E) mit Kohle und Gold bedampft. Die Untersuchungen wurden mit einem Rasterelektronenmikroskop Typ „JSM-S1" der Firma Jeol bei einer Beschleuni-gungsspannung von 4 oder 10 kV durchgeführt.

Ergebnisse

A. Rasterelektronenmikroskopische Befunde

Oberflächenverhältnisse der Papilla fungiformis im Epithelverband

Die Papillae fungiformes liegen stets von einer meist konstanten Anzahl lang-gestreckter Fadenpapillen umrandet, im Niveau der Zungenoberfläche. Im Be-reich der Zungenspitze, wo die mechanische Beanspruchung und die damit ver-bundene stärkere Abnutzung der Fadenpapillen am größten ist, unterscheiden sich die Papillenarten bezüglich der Höhe kaum mehr.

Die Verteilung der pilzförmigen Papillen auf der Zungenoberfläche ist bei Ratte, Meerschweinchen und Nutria gleichartig. Das Anordnungsprinzip ist folgendermaßen: an der Zungenspitze und am Zungenrand sind die Papillen zahl-reich, in der Zungenmitte seltener zu beobachten. Beim Wasserschwein dagegen sind sie ausschließlich am hinteren Zungenrand vor den Papillae foliatae gelegen.

Die rasterelektronenmikroskopische Untersuchung ermöglicht aufgrund der großen Tiefenschärfe und der damit verbundenen Darstellung der Mikrostruktur aller Oberflächenverhältnisse die Klärung des Oberflächenreliefs der Papilla fungi-formis, der Zahl und Lokalisation von Geschmacksporen, der epithelialen Aus-kleidung des Geschmacksporus, sowie der räumlichen Beziehung zu den benach-barten Fadenpapillen.

Die Papillae fungiformes der langen, schmalen und sehr flexiblen *Ratten-zunge* — Fish, Malone und Richter (1944) fanden bei ihren Untersuchungen zwischen 114—221 (Durchschnitt 178,8) fungiforme Papillen — sind in der Regel von je 9 Fadenpapillen umrahmt. Vom äußeren Rand der Papille kommt es zur Mitte hin, vor allem bei älteren Individuen, zu einer leichten schüsselförmigen Einbuchtung, in der immer nur der Geschmacksporus einer einzelnen Geschmacks-knospe liegt (Abb. 1). Bei der jungen Ratte befindet sich der Porus entweder im Niveau der Papillenoberfläche oder im Krater eines über die Oberfläche ragenden kleinen Kegels.

Beim *Meerschweinchen* findet man eine leicht gewellte, bei *Nutria* eine stärker gewellte Oberflächenstruktur der Papillen mit einer unterschiedlich großen An-

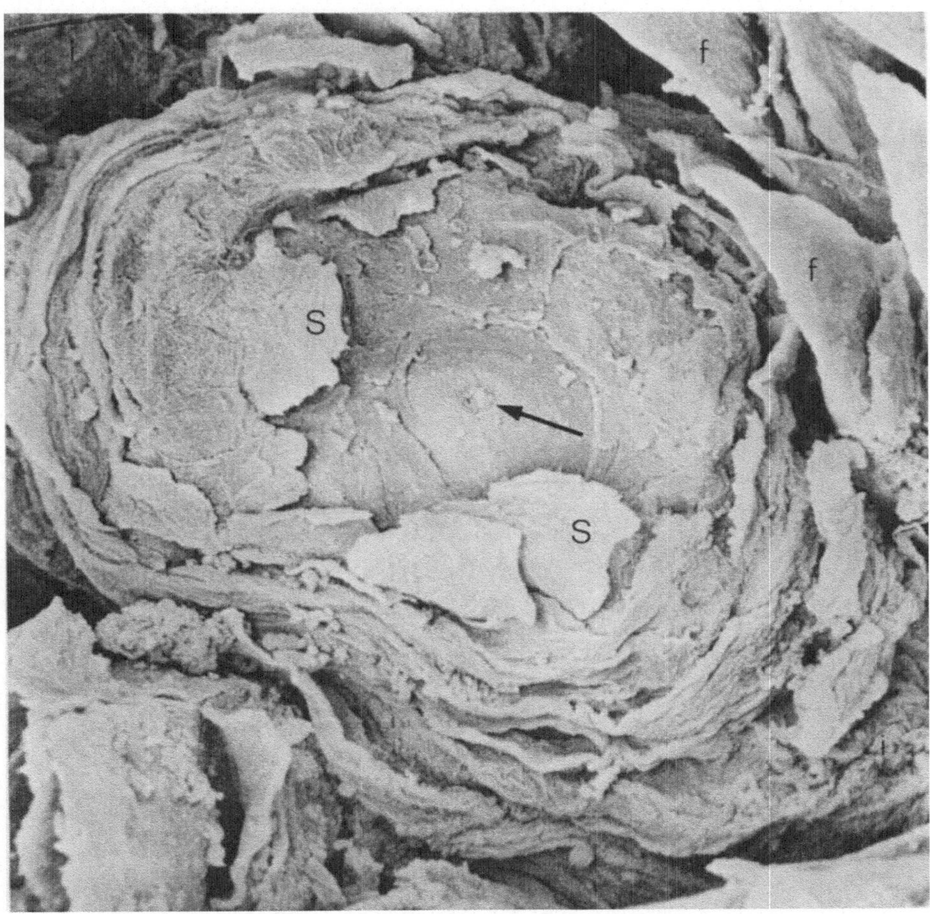

Abb. 1. Papilla fungiformis der Ratte mit zentral gelegenem, erhabenem Geschmacksporus (↑).
Schuppenbildung hauptsächlich am Rand der Papille, einige Schuppen (*S*) sind fast ganz
abgelöst, andere haften noch an der Unterfläche. Die Papille wird von einfachen Fadenpapillen
(*f*) umgeben. *i* interpapilläres Gewebe. Rasterelektronenoptische Aufnahme. Vergr. 1350fach

zahl von Geschmacksporen vor. Diese haben bei beiden Tierformen unterschiedliche Beziehung zu den beschriebenen Wellen: beim Meerschweinchen liegen sie
meist in den Wellentälern und in besonderen trichterförmigen Vertiefungen
(Abb. 2 b), bei Nutria sitzen sie auf den Wellenbergen und hier, wie bei der Ratte,
im Zentrum über die Oberfläche ragender Kegel (Abb. 1, 3).

Während der Übergang von der Papille zum Interpapillarraum beim Meerschweinchen und der Ratte fließend ist, findet man bei Nutria eine ringförmige
Rinne. In diesem Übergangsbereich zeigen sich bei Nutria vereinzelt 3—5 kleine
fadenförmige Zapfen, die die Papille etwas überragen.

Eine Sonderstellung, was die Ausformung, Lage und Größe der Papille anbetrifft, nehmen die Papillae fungiformes des Wasserschweins ein. Sie sind am
hinteren Zungenrand gelegen und schließen sich den Papillae foliatae zur Zungen-

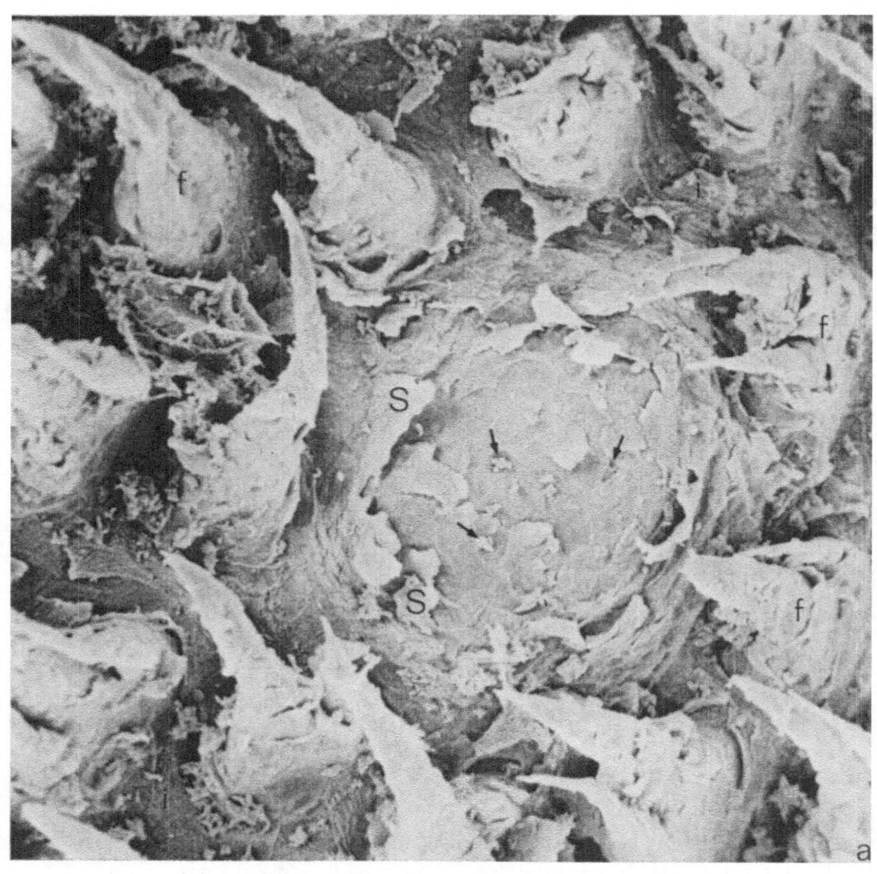

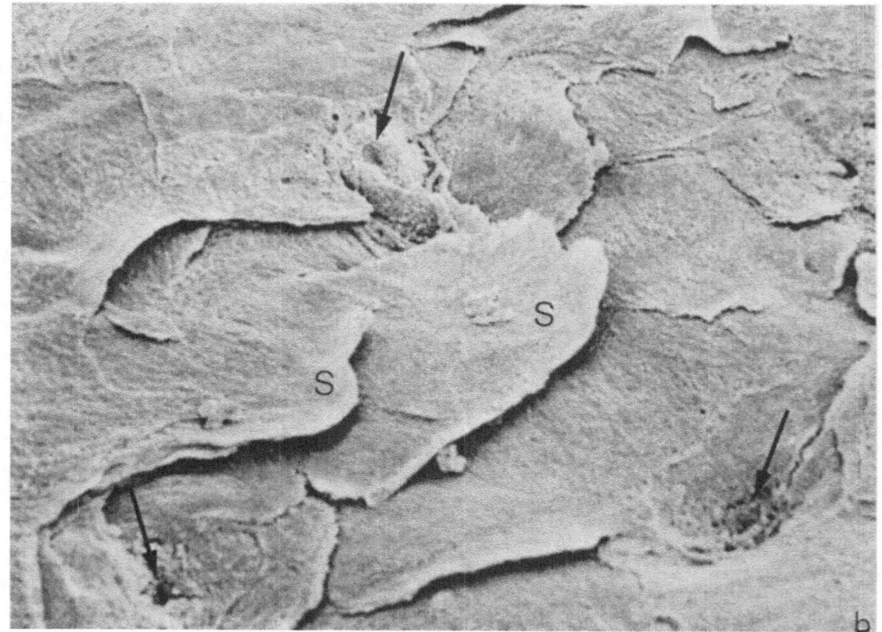

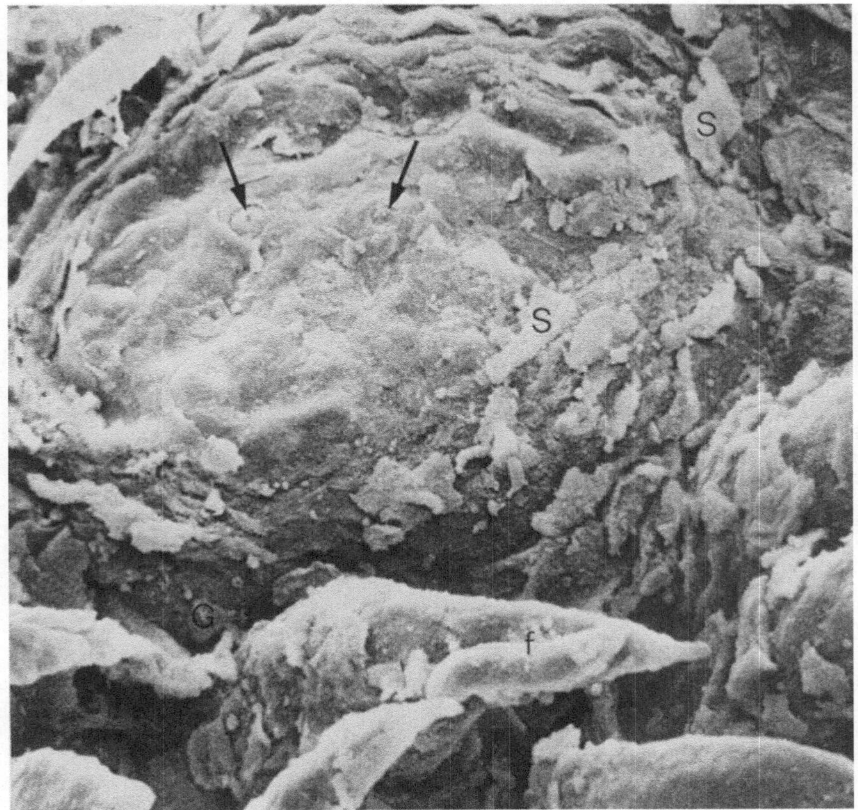

Abb. 3. Papilla fungiformis bei Nutria. Beachte die Ausbildung eines Grabens (*G*), die gewellte Papillenoberfläche und die beiden Geschmacksporen (↑). Bezeichnung wie in Abb. 2. Rasterelektronenoptische Aufnahme. Vergr. 400fach

spitze hin direkt an. Bei dem von mir untersuchten Tier können auf jeder Zungenseite 8 fungiforme Papillen nachgewiesen werden, die in ihrer Größe zur Zungenspitze abnehmen. Um jede dieser länglich-ovalen Papillen verläuft ein Graben (Abb. 4, 6), der die Papille vom interpapillären Gewebe trennt. Dieser Interpapillarraum liegt in der gleichen Höhe wie die Oberfläche der fungiformen Papillen. Sowohl aus dem Graben als auch aus dem Epithelwall zwischen den Papillen ragen 8—12 fadenförmige und gegliederte Hornzapfen heraus (Abb. 5). Beim Wasserschwein liegen die Geschmacksporen in Vertiefungen, die über die gesamte Papillenoberfläche und am Papillenrand verteilt sind und bezüglich ihres

Abb. 2. (a) Papilla fungiformis des Meerschweinchens. Die Papille wird deutlich von den Papillae filiformes (*f*), die sich meist durch drei Hornzapfen auszeichnen, überragt. Die Zahl der Geschmacksporen (↑) im Vergleich zur Ratte ist höher. (b) Zwischen dachziegelartigen Epithelschuppen (*S*) liegen Geschmacksporen (↑) auf kegelförmigen Erhebungen und in trichterähnlichen Vertiefungen. *i* interpapilläres Gewebe. Rasterelektronenoptische Aufnahmen. Vergr. (a) 260fach, (b) 1350fach

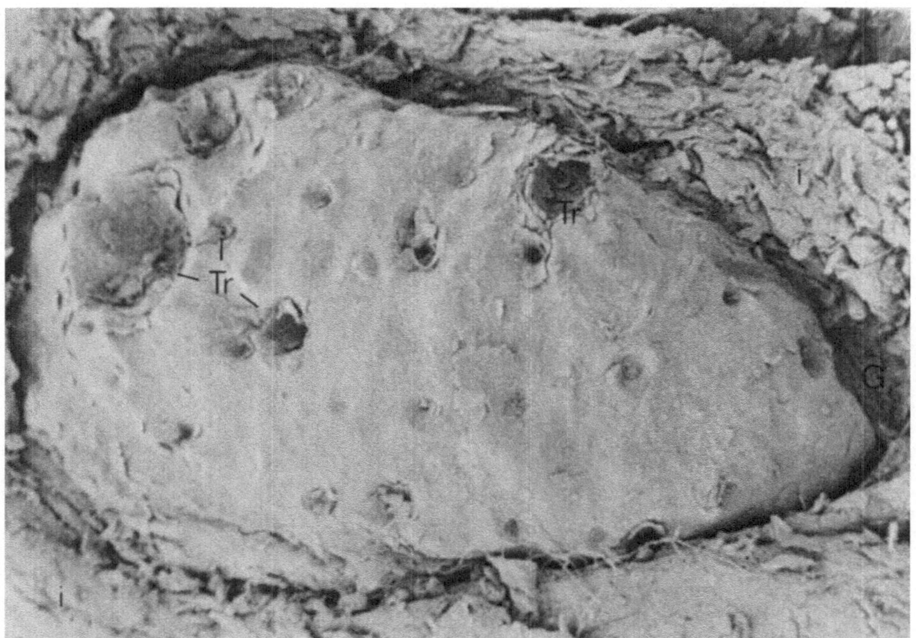

Abb. 4. Papilla fungiformis des Wasserschweins. Die Papille ist durch einen Graben (*G*) vom Interpapillarraum (*i*) getrennt. Auf der Papillenoberfläche erkennt man unterschiedlich große Geschmackstrichter (*Tr*), die nicht nur im Zentrum, sondern auch randständig vorkommen. Rasterelektronenoptische Aufnahme. Vergr. 75fach

Durchmessers erheblich variieren. In diesen Trichtern sind zum Teil 2 Geschmacksporen nachweisbar.

Rasterelektronenoptisch erscheint die Papillenoberfläche mit spezifischem Relief, das aus der ungleichartigen Abschilferung der polygonalen, verhornenden Epithelzellen resultiert. Man beobachtet übereinandergelagerte, ineinandergeschachtelte, ungeordnete Epithelschuppen am Rand der Papillen (Abb. 1, 2a, 3) und solche, die fächerförmig ineinandergreifen am Geschmacksporus (Abb. 2b, 6). Geschmacksporen stellen somit Strukturelemente der Papilla fungiformis bei allen Tierformen auf der Oberfläche der Papillen dar. Die von Békésy (1966) und Beckers (1974) beschriebene randständige Lokalisation einzelner Geschmacksporen bei den fungiformen Papillen des Menschen beobachtet man im vorliegenden Material also nur beim Wasserschwein in ähnlicher Form. Die Geschmacksporen werden von noch an der leicht gefurchten Oberfläche haftenden Epithelschuppen umgeben. Beidler (1969) hat dieses Ineinandergreifen der Schuppen mit den Blättern des Kohls verglichen. Bei der jungen Ratte ist eine ausgeprägte Schuppenbildung nur am Papillenrand zu beobachten.

Bei sehr starker Vergrößerung erkennt man die bereits von Švejda und Škach (1971) beschriebene Mikrostruktur der desquamierenden Epithelzellen (Abb. 2b, 7). Es handelt sich dabei um ein spezifisches Leistenmuster, das auf den einzelnen Schuppen eine charakteristische Vorzugsrichtung aufweist. Weiterhin beobachtet

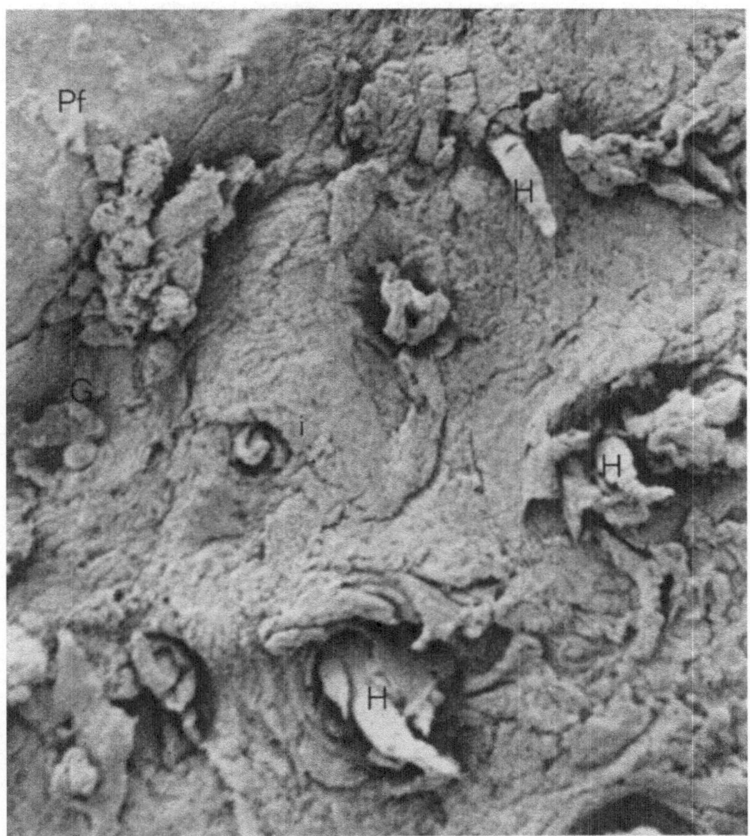

Abb. 5. Bereich des Interpapillarraumes, Papilla fungiformis (*Pf*) des Wasserschweins. Hornzapfen (*H*) durchdringen einzeln oder in Gruppen den Epithelmantel des interpapillären Gewebes (*i*). *G* Graben. Rasterelektronenoptische Aufnahme. Vergr. 180fach

man häufig bakterienähnliche Strukturen und Erythrozyten, die unregelmäßig auf der Papillenoberfläche verteilt sind.

B. Lichtoptische Befunde

1. Form und Gestalt der Bindegewebspapille-Rekonstruktion

Die Form der Papilla fungiformis, die in den Lehrbüchern und Veröffentlichungen meist als pilzförmig beschrieben wurde, variiert bei den untersuchten nahe verwandten Tierarten Ratte, Meerschweinchen, Nutria und Wasserschwein. Die Rekonstruktion der Bindegewebspapillen anhand von Serienschnitten ergibt, daß die Gestalt der Papille bei der Ratte säulenförmig ist, beim Meerschweinchen einem Kelch ähnelt und nur bei Nutria pilzförmig erscheint. Betrachtet man die einzelnen Papillenquerschnitte in verschiedenen Ebenen bei den untersuchten Spezies, so fällt auf, daß er meist rund bis oval ist. Während die Bindegewebspapille bei der Ratte in ihrem Durchmesser von der Zungenoberfläche bis zur

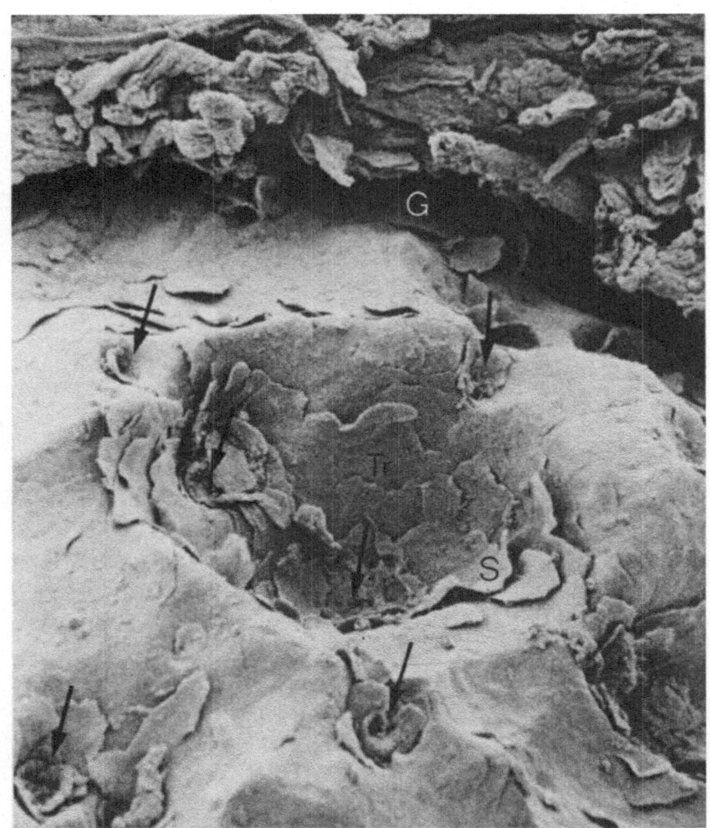

Abb. 6. Detail der Papillenoberfläche der Papilla fungiformis des Wasserschweins mit Papillengraben (*G*) und unterschiedlich großen Geschmackstrichtern (*Tr*). Beachte die schalenartige
Auskleidung des großen Trichters, der zwei Geschmacksporen (↑) enthält. *i* Interpapillarraum, *S* Epithelschuppe. Rasterelektronenoptische Aufnahme. Vergr. 200fach

Basis konstant bleibt und mit einer Säule vergleichbar ist (Abb. 8), findet man
beim Meerschweinchen eine starke Zunahme des Querschnitts zum mittleren
Papillendrittel und eine Verjüngung basalwärts (Abb. 9). In der Regel ist der
Durchmesser im oberen Anteil der Papille annähernd doppelt so groß wie im
unteren Papillendrittel und die Bindegewebspapille ähnelt in ihrem Bau einem
gedrungenen Kelch. Sowohl bei der Ratte als auch beim Meerschweinchen sind
keine Sekundärpapillen nachweisbar.

Der Papillenquerschnitt bei Nutria ist im oberen Drittel rund und nimmt zur
Lamina propria hin längs-ovalen Querschnitt an. Abweichend vom Befund bei
Ratte und Meerschweinchen findet man bei Nutria Sekundärpapillen (Abb. 10).
Ihre Anzahl schwankt zwischen 20—25. Die Abzweigungen vom gemeinsamen
Bindegewebsgerüst erfolgen in verschiedenen Höhen: im oberen Papillendrittel 3,
im mittleren und unteren jeweils 10. Alle Sekundärpapillen weisen eine eigene
Verhornung auf und münden alle im gemeinsamen, die Bindegewebspapille um-
gebenden Epithelwall (Abb. 12). 3—5 dieser Sekundärpapillen ragen über den

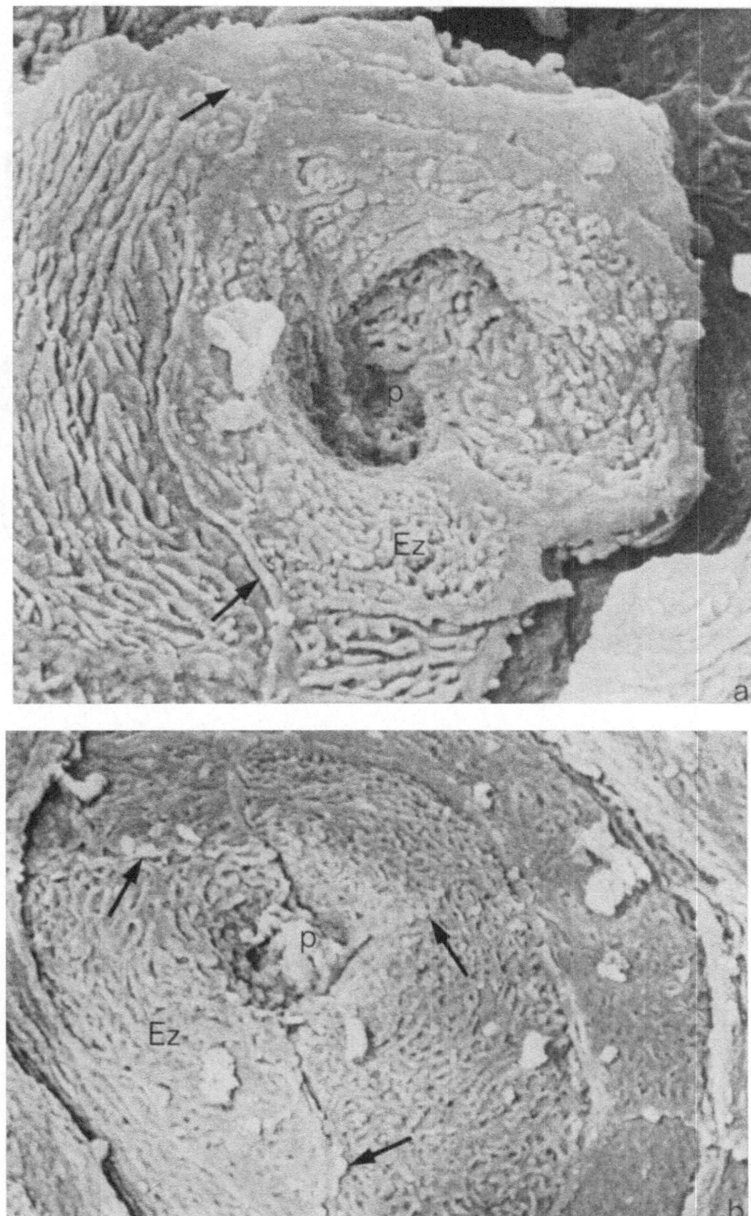

Abb. 7a u. b. Details der Papillenoberfläche zur Darstellung der Epithelzellen (*Ez*) am Geschmacksporus (*p*). (a) Pap. fungiformis des Meerschweinchens: Geschmacksporus in einer trichterähnlichen Vertiefung. (b) Pap. fungiformis der Ratte: Geschmacksporus auf einer kegelförmigen Erhebung. Beachte die stark differenzierte Oberflächenstruktur der Epithelzellen (*Ez*). Pfeile deuten auf die Zellgrenzen hin. Rasterelektronenoptische Aufnahmen. Vergr. (a, b) 4800fach

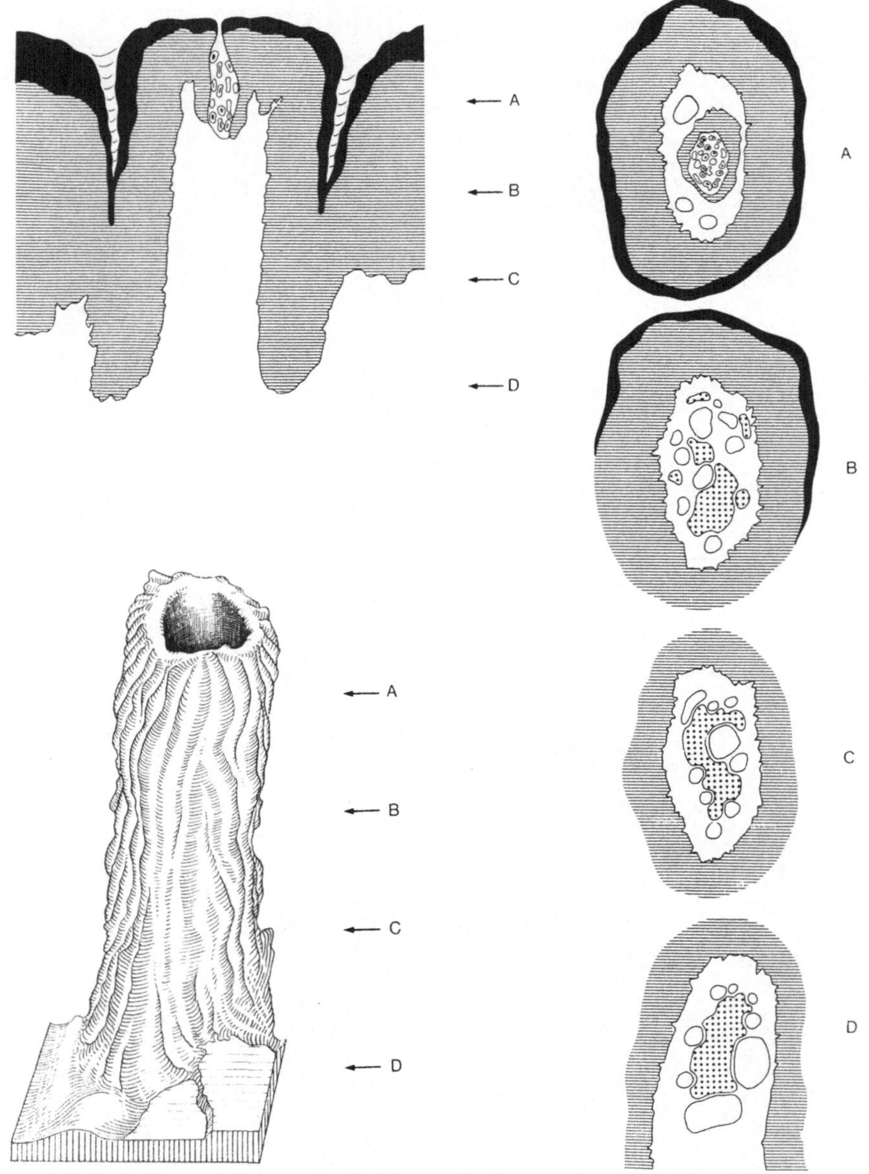

Abb. 8. Papilla fungiformis der Ratte. Die Abbildung zeigt einen Sagittalschnitt durch eine Papille, die Rekonstruktion der Bindegewebspapille, sowie vier Papillenquerschnitte in verschiedenen Schnittebenen (*A*, *B*, *C*, *D*), deren Höhenlage am Längsschnitt durch Pfeile gekennzeichnet sind. Schwarz = verhorntes Epithel. Punktiert = Nerven. Schraffiert = Epithel. Geschmacksknospe mit Porus. Gefäße

Epithelwall und entsprechen den im Rasterelektronenmikroskop beobachteten fadenförmigen Hornzapfen.

Die mittlere Längenausdehnung beträgt 50 μ bei den an der Spitze, und 210 μ bei den an der Basis der Papille abzweigenden Sekundärpapillen. Die am weitesten

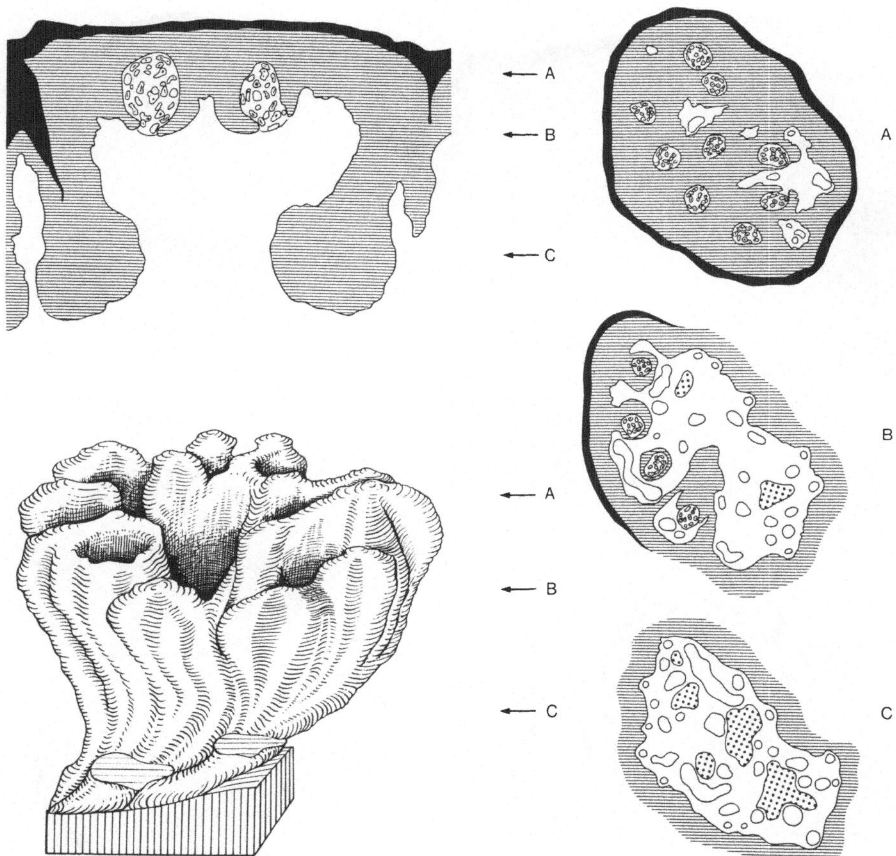

Abb. 9. Papilla fungiformis des Meerschweinchens. Die Abbildung zeigt einen Sagittalschnitt, die Rekonstruktion der Bindegewebspapille, sowie drei Papillenquerschnitte (*A, B, C*) in verschiedenen Schnittebenen. Beachte im Vergleich zur Ratte die große Zahl an Geschmacksknospen und die kelchförmige Gestalt der Bindegewebspapille

basal gelegene Sekundärpapille markiert die Basis des Papillengrundstockes, denn es läßt sich auf diesem Niveau schon eine Verbindung zu den benachbarten Fadenpapillen nachweisen. In einigen wenigen Fällen gabeln sie sich in 2 Tertiärpapillen auf. Den Bindegewebspapillen der untersuchten Tierformen ist gemein, daß sie nicht glattwandig konturiert sind; sie weisen stets eine längsgerichtete, wellenförmige Oberflächenstruktur auf, die sich von der Papillenspitze bis basalwärts kontinuierlich fortsetzt (Abb. 8—11).

Durchschnittliche Größen von jeweils 4 untersuchten Papillae fungiformes bei Ratte, Meerschweinchen und Nutria in mm:

	Ratte	Meerschweinchen	Nutria
Höhe der Bindegewebspapille	0,18	0,13—0,16	0,27
Breite der Bindegewebspapille	0,07	0,15—0,34	0,35
Gesamthöhe der Papille	0,22	0,17—0,2	0,32

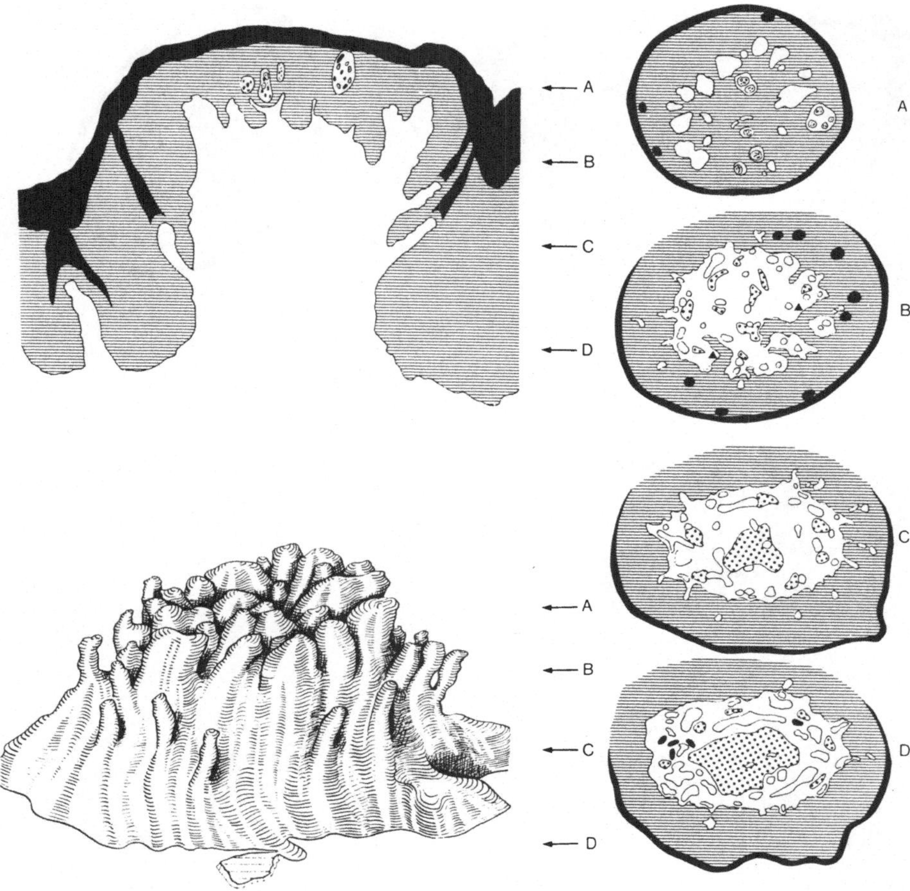

Abb. 10. Papilla fungiformis bei Nutria. Sagittalschnitt, Rekonstruktion der Bindegewebspapille und vier Papillenquerschnitte. Beachte die kegelförmige Gestalt der Papille, die
zahlreichen Geschmacksknospen und die Sekundärpapillen. ▲ Lokalisation des untersuchten
Nervenendkörperchens. Schwarz innerhalb der Bindegewebspapille = einstrahlende Muskelfasern. Schwarz im Epithel = Hornzapfen der Sekundärpapillen

Die aus der Zungenspitze und aus dem mittleren Zungendrittel stammenden
Papillen, die zur Rekonstruktion herangezogen wurden, haben folgende Größen-
ausdehnung:

Die Höhe der Bindegewebspapille beträgt bei der Ratte 0,18 mm, bei Nutria
0,27 mm und beim Meerschweinchen 0,13—0,16 mm. Beim Meerschweinchen liegt
eine beträchtliche Schwankungsbreite in der Größe der Papillen vor, entsprechend
variiert damit die Zahl der Geschmacksknospen. Die Breite der Bindegewebspapille beträgt bei der Ratte 0,07 mm und bei Nutria 0,35 mm. Größenschwan-
kungen unterliegt wiederum die Breitenausdehnung beim Meerschweinchen: im
oberen und mittleren Papillendrittel liegen die Abmessungen zwischen 0,28 bis
0,34 mm, im unteren Drittel zwischen 0,15—0,19 mm. Die Gesamthöhe der

Papille — Bindegewebspapille + Epithel — beträgt bei der Ratte 0,22 mm, bei Nutria 0,32 mm und beim Meerschweinchen 0,17—0,2 mm.

2. Epithelverhältnisse

Stratum basale. Die hier beschriebenen Befunde beziehen sich, wenn sie nicht näher erläutert sind, auf alle 3 untersuchten Tierformen und stützen sich auf licht- und elektronenoptische Untersuchungen.

Sowohl im Bereich des interpapillären Raumes als auch in der Bindegewebspapille selbst sind die Basalzellen zylindrisch bis hochprismatisch (Abb. 11). Ihre Kerne, die sich meist in der oberen Hälfte der Zellen befinden, haben ovale Form und sind teils glatt konturiert, teils mit fingerförmigen Einstülpungen versehen. Während die Basalzellen an der Basis der Papille senkrecht zum darunterliegenden Bindegewebe ausgerichtet sind, stehen sie im Bereich des oberen Drittels der Bindegewebspapille in einem spitzen Winkel zum Bindegewebe. Ein lichtoptisch deutlicher Interzellularspalt fehlt. Bei allen untersuchten Papillae fungiformes sind die Zellen des Stratum basale im basalen Anteil der Papille stärker angefärbt als im kranialen Anteil.

Auffällig ist die sehr geringe Anzahl von Desmosomen im basalen Epithelbereich im Vergleich zu deren Zahl in den höheren Zellagen. Im Stratum basale findet man elektronenoptisch eine große Zahl von feinsten zytoplasmatischen Fortsätzen (Mikrovili), die frei in den Interzellularraum hineinragen (Abb. 20, 21).

Zottenartige Zellausläufer an der Epithelbasis bilden neben den Nischen eine zusätzliche Verzahnung zum Bindegewebe. Diese Wurzelfüßchen (Abb. 11, 12, 16), die meist mit dem Gitterfasernetz der Lamina propria in enger Beziehung stehen, sind bei der Ratte zahlenmäßig an der Papillenbasis sowie im unteren Drittel der Bindegewebspapille am stärksten vertreten. Sie nehmen zur Papillenoberfläche leicht an Zahl ab, sind aber im oberen Papillendrittel lichtoptisch noch deutlich nachweisbar. Die Verzahnung zwischen Epithel und Bindegewebe imponiert an der rekonstruierten Bindegewebspapille als oberflächliches Relief in Form von längsausgerichteten Leisten.

Beim Meerschweinchen sind die Wurzelfüßchen im oberen und unteren Papillendrittel gleichmäßig verteilt, während man sie im mittleren Drittel nur spärlich beobachtet. Eine absolut gleichbleibende Verteilung liegt bei Nutria vor, jedoch sind die Wurzelfüßchen im oberen Papillendrittel breiter und länger.

Der von Kunze (1969) für die Papilla filiformis des Menschen beschriebene Verzahnungsmodus 1.—3. Ordnung in der Beziehung zwischen Epithel und Bindegewebe gilt im Prinzip auch für die Papilla fungiformis von Nutria (Abb. 10): die Hochwölbung des bindegewebigen Papillengrundstocks (1. Ordnung), die zahlreichen Sekundärpapillen (2. Ordnung) und schließlich die Wurzelfüßchen des Epithels, die ins Bindegewebe hineinragen (3. Ordnung). Bei Ratte und Meerschweinchen trifft dies durch das Fehlen der Sekundärpapillen nicht zu.

Im Bereich des Stratum basale und in den unmittelbar angrenzenden Schichten des Stratum spinosum findet man an einzelnen Stellen eine unterschiedlich breite Ausbildung der Interzellularspalten (Abb. 16); diese breiter imponierenden Zwischenräume könnten freie Nervenendigungen im Epithel darstellen, da in solchen Bereichen markarme Nervenendformationen bis wenige μ an das Epithel herantreten.

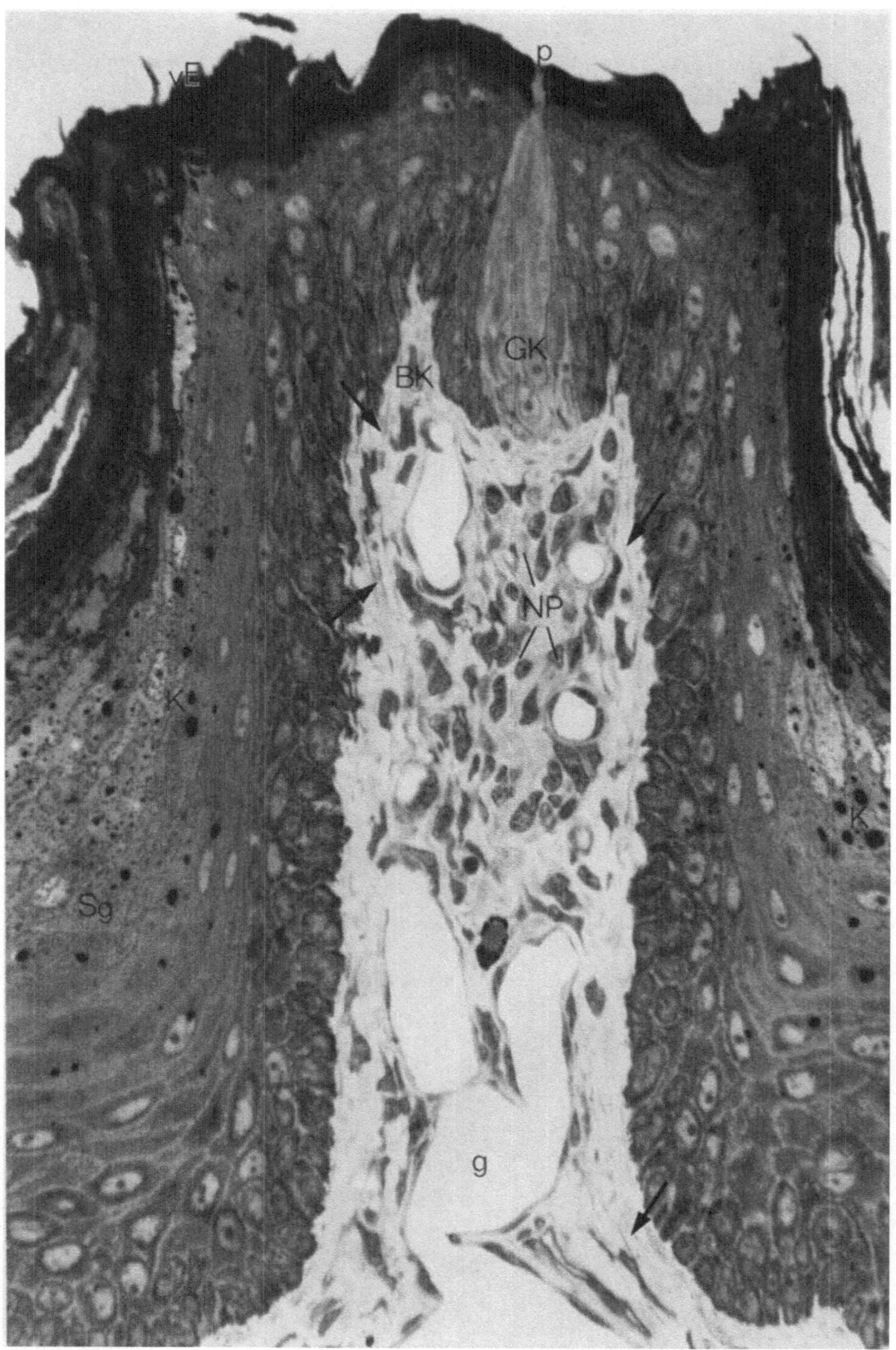

Abb. 11. Sagittalschnitt durch eine Papilla fungiformis der Ratte. Achte auf die großkalibrigen Gefäße (*g*) an der Basis der Papille, den Nervenplexus (*NP*) im Bereich unterhalb der Geschmacksknospe (*GK*), den Bindegewebskelch (*BK*) um die Geschmacksknospe, die ungleichartige Verteilung der Keratohyalingranula (*K*) und die unterschiedliche Schichtdicke des Stratum granulosum (*Sg*). Pfeile deuten auf die elastischen Fasern hin. *vE* verhorntes Epithel, *p* Geschmacksporus. Lichtoptische Aufnahme. Vergr. 680fach

Mitosen sind gleichmäßig im gesamten Basalbereich des Epithels verteilt.

Stratum spinosum. Oberflächenwärts geht die Basalschicht in eine Zone polygonaler Zellen über, die durch zahlreiche Desmosomen miteinander verbunden sind. Bei der Ratte kann man im Bereich des Interpapillarraumes bis zu 15 solcher Zellagen zählen. Diese Zahl nimmt zur Papillenoberfläche hin immer stärker ab und beträgt an der Papillenspitze nur noch 4—5.

Bei Meerschweinchen und Nutria bleibt die Anzahl der Zellagen sowohl im interpapillären Bereich als auch in der Papillenmitte ziemlich konstant und beträgt 5—8 bzw. 12—14. Diese für Meerschweinchen und Nutria angegebenen Zahlen bedeuten Durchschnittswerte, denn im Bereich der Epitheleinsenkungen ins Bindegewebe und den Bindegewebszapfen zwischen den Geschmacksknospen vergrößert bzw. verkleinert sich die Anzahl der Zellagen beträchtlich. In den tieferen Lagen haben die Kerne noch Kugelform und der größte Zelldurchmesser steht wie bei den Basalzellen noch senkrecht zur Schleimhautoberfläche. In den höheren Lagen werden die Zellen größer und abgeflachter. Die größten Zell- und Kerndurchmesser liegen jetzt parallel zur Oberfläche. Durch die zunehmende Abflachung der Zellen zum Stratum granulosum hin lagern sich diese immer mehr konzentrisch um den Papillengrundstock und bei Nutria auch um die Sekundärpapillen, so daß schließlich eine zwiebelschalenartige Ummantelung der Bindegewebspapille bzw. der Sekundärpapillen entsteht, die man bis an die Basis der Papille verfolgen kann (Abb. 12b, 13).

Zwischen dem Epithel an der Papillenspitze und dem Epithel im intepapillären Raum besteht bezüglich der Höhe bei der Ratte ein Verhältnis von 1:3 bis 1:4. Bei Meerschweinchen und Nutria liegt ein Verhältnis von 1:2 bis 1:3 vor.

Die Zahl der Desmosomen nimmt zur Epitheloberfläche immer stärker zu und auch hier stellen, wie im Stratum basale, die Tonofibrillenbündel ein auffallendes Merkmal dar.

Stratum granulosum und corneum. Der Übergang vom Stratum spinosum zum Stratum granulosum ist fließend und weist bei der Ratte und beim Meerschweinchen an der Papillenspitze höchstens 1—2, im Bereich des interpapillären Raumes 3—5 Lagen von großen abgeplatteten, schwächer angefärbten Zellen auf. Bei Nutria findet man an der Papillenspitze 2—4, im Bereich des Interpapillarraumes 8—10 Zellagen des Stratum granulosum. Die Zellen weisen in ihrem Zelleib Keratohyalingranula auf, die sehr gut anfärbbar sind (Abb. 11, 12). Während sich diese Granula im Bereich der Papillenspitze nur vereinzelt nachweisen lassen, nehmen sie im interpapillären Raum von der untersten Lage des Stratum granulosum bis zum Stratum corneum an Dichte und Größe zu. Entsprechend der Anzal der Zellagen des Stratum granulosum und der beschriebenen Verteilung der Keratohyalingranula kann man eine unterschiedlich starke Verhornung der Papilla fungiformis selbst, sowie der interpapillären Bezirke feststellen: das Epithel der Papillenspitze weist nur wenige verhornte Schichten auf, während das Epithel des interpapillären Raumes zahlreiche intensiv gefärbte Zellagen beobachten läßt.

Der Interzellularspalt hat sich lichtoptisch vom Stratum basale über das Stratum spinosum immer mehr verengt. Im Licht- und Elektronenmikroskop kann man um jede einzelne Zelle eine gleichmäßige Verteilung von Desmosomen beobachten. Ihre Anzahl hat sich jedoch gegenüber den oberen Schichten des Stratum spinosum nicht mehr vermehrt.

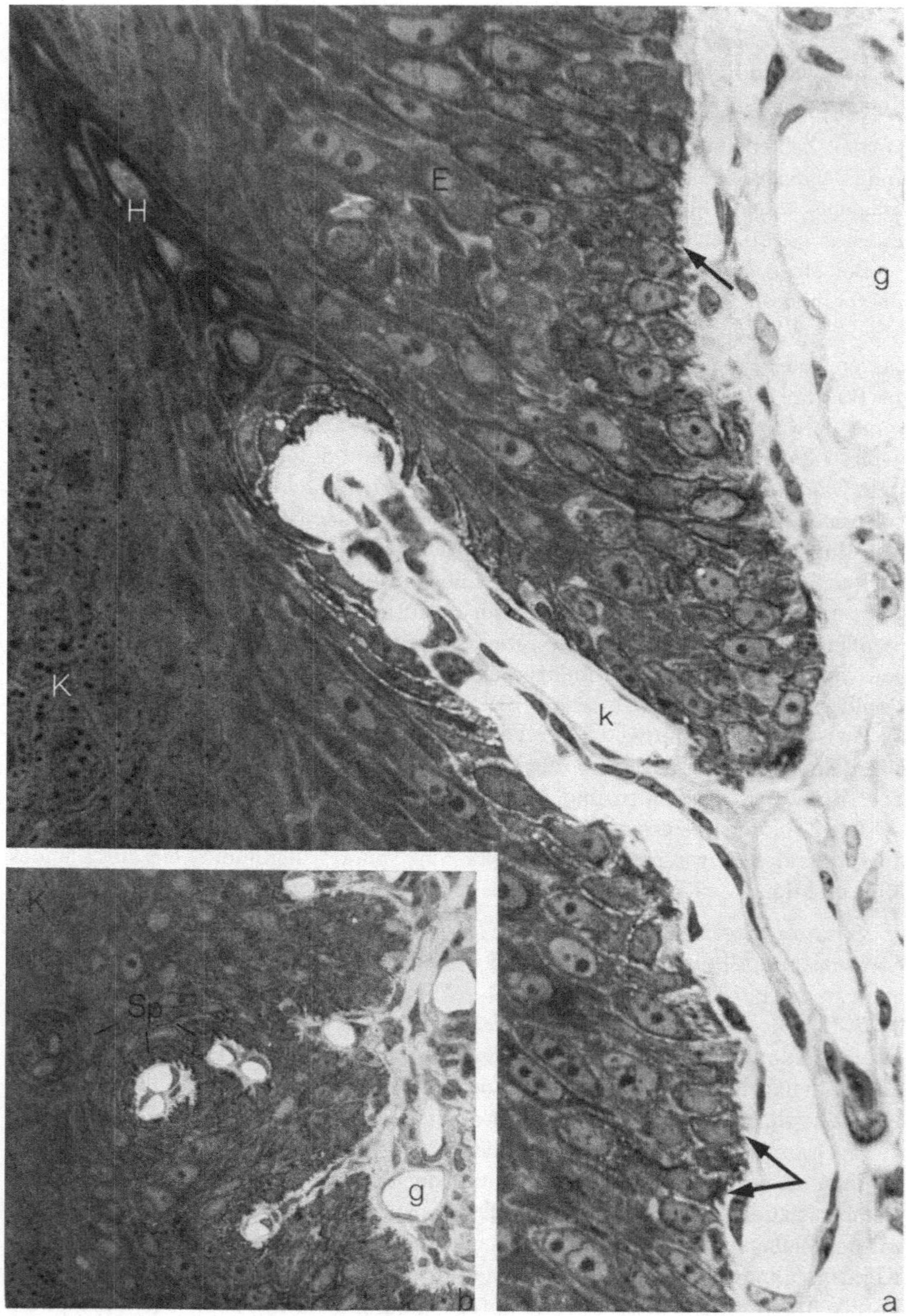

Abb. 12. (a) Sagittalschnitt durch eine Sekundärpapille der Papilla fungiformis bei Nutria. Zu- und abführende Kapillaren (*k*), sowie der sich abzeichnende Hornzapfen (*H*) der Sekundärpapille. Beachte die enge Beziehung zwischen Kapillaren und Wurzelfüßchen des Epithels (↑). (b) Detail zur Darstellung der Epithel-Bindegewebsbeziehung der Pap. fungiformis bei Nutria (horizontal). Anschnitte verschiedener Sekundärpapillen (*Sp*). Achte auf die Epithelummantelung. *E* Epithel, *K* Keratohyalingranula, *g* Gefäße. Lichtoptische Aufnahmen. Vergr. (a) 68fach, (b) 4000fach

Epithel der Sekundärpapillen. Die Basalzellen bilden in ihrer Längsachse, ähnlich den Zellen im oberen Drittel der Primärpapille, einen zunehmend spitzen Winkel mit dem Bindegewebe (Abb. 12 a). Während im Anfangsteil der Sekundärpapillen auf die Basalschicht 2 Zellagen des Stratum spinosum folgen, fehlen die Zellen der Stachelzellschicht im oberen Drittel der Sekundärpapillen. Dort folgt unmittelbar auf die Basalschicht das Stratum granulosum. Jede Sekundärpapille weist ihre eigene Verhornung auf und endet im gemeinsamen, die Bindegewebspapille umgebenden Epithel. 3—5 dieser Papillen durchbrechen den Epithelmantel und erscheinen in dem Graben, der die Papille umgibt.

Bei der Durchsicht der horizontalen Serienschnitte fällt auf, daß die Epithelzellen stark abgeplattet, konzentrisch um den Bindegewebsstock der Sekundärpapille angeordnet sind und damit ein Spiegelbild der Epithelanordnung um die Primärpapille darstellen.

3. Geschmacksknospen

Anzahl und Verteilung. Bei allen untersuchten Papillae fungiformes der Ratte kann nur eine einzige Geschmacksknospe nachgewiesen werden, die stets im Zentrum gelegen ist. Lediglich bei der jungen Ratte ist in einem Fall eine Zusammenlagerung von 3 Knospen in einem gemeinsamen Epithelgerüst zu beobachten.

Die Höhe und Breite der Knospen ist bei allen untersuchten Tieren konstant und beträgt im Durchschnitt 65 µ bzw. 18 µ. Jede Knospe ist in ihrer gesamten Ausdehnung von einem Epithelmantel umgeben, der 3—4 Zellagen umfaßt (Abb. 13 c, 22). Die Zahl der Geschmacksknospen innerhalb einer einzelnen Papille nimmt sowohl beim Meerschweinchen als auch bei Nutria stark zu. Beim Meerschweinchen schwankt die Zahl zwischen 3 und 10 (im Mittel 5—6). Entsprechend der unterschiedlichen Anzahl von Knospen findet man auch unterschiedlich große Einzelpapillen. Eine noch größere Zahl von Geschmacksknospen findet man bei Nutria. Dort sind in der Regel 10—15 Knospen nachweisbar. Ihre Verteilung weist bei Nutria eine Besonderheit auf. Man kann neben einzeln gelegenen Knospen, wie sie beim Meerschweinchen stets anzutreffen sind, auch 2, 3 oder 4 Knospen in einem gemeinsamen Epithelmantel finden (Abb. 13 a, b). Eine symmetrische Anordnung der Knospen innerhalb der Papille kann sowohl bei Nutria als auch beim Meerschweinchen nicht beobachtet werden. Die Beziehung des Epithels und Bindegewebes zu den einzelnen Knospen gleicht den Befunden bei der Ratte.

Bei der Betrachtung des Grenzflächenreliefs der Papilla fungiformis zur Zungenoberfläche hin lassen sich beim Meerschweinchen im Durchschnitt 12, bei Nutria 25 Bindegewebskelche nachweisen (Abb. 9, 10). Diese Kelche drängen sich ins Epithel vor und umkleiden becherförmig jede einzelne Geschmacksknospe. Eine Zunahme der Gefäßquerschnitte innerhalb dieses Bindegewebswalles kann nicht beobachtet werden.

4. Bindegewebe

Faserstrukturen und Zellen. Die Bindegewebspapille der untersuchten Papillae fungiformes bei Ratte, Meerschweinchen und Nutria ist von lockerem Binde-

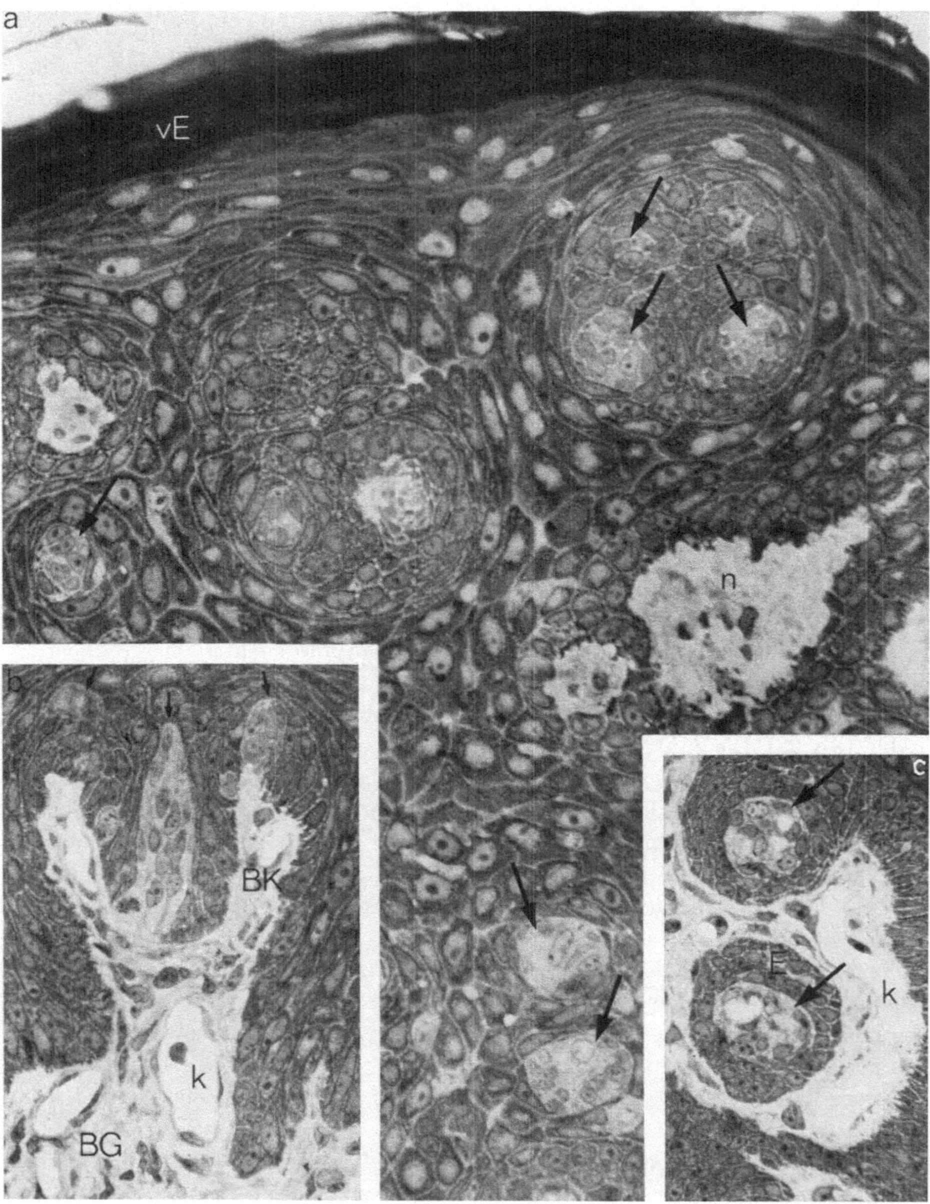

Abb. 13. (a) Geschmacksknospen, Papilla fungiformis bei Nutria. Horizontalschnitt in Höhe der Bindegewebskelche. Einzeln gelegene (↑), sowie Gruppen von 2—4 Geschmacksknospen, die als Komplex in einem gemeinsamen Epithelmantel liegen. (b) Sagittalschnitt durch einen solchen Geschmacksknospenkomplex (↑). (c) Horizontalschnitt durch die Geschmacksknospen (↑) der Papilla fungiformis des Meerschweinchens. Beachte den Verlauf der Kapillaren (k), die eine Geschmacksknospe halbseitig umgeben. v verhorntes Epithel, BK Bindegewebskelch, BG Bindegewebe, n marklose Nerven, E Epithel der Geschmacksknospe. Lichtoptische Aufnahmen. Vergr. (a) 620fach, (b und c) 400fach

gewebe durchsetzt, wobei die meist vertikal verlaufenden *kollagenen Fasern* den Hauptanteil darstellen. R. Dabelow (1951) beschreibt diese Bindegewebsstrukturen als die Ausläufer eines aus verschiedenartigen histologischen Elementen aufgebauten Muskelgitters, die entweder an die ,,Aponeurosis linguae" herantreten und sich in ihr ausbreiten oder diese Faszie durchsetzen und in das subepitheliale Bindegewebe übergehen, wo diese Ausläufer in das argyrophile Gitterfasernetz unter dem Epithel und in den bindegewebigen Grundstock sich fortsetzen und endigen.

Eine ,,Aponeurosis" oder ,,Fascia" linguae im eigentlichen Sinn des Wortes kann bei keiner der untersuchten Spezies nachgewiesen werden. Lediglich an einzelnen Stellen ist eine Verdichtung von kollagenen Fasern an der Grenze zwischen Lamina propria und Zungenmuskulatur erkennbar, die sich aber nie über größere Strecken ununterbrochen verfolgen läßt.

Neben diesen kollagenen Fasern beobachtet man besonders in der Nachbarschaft der Kapillaren und im Bereich des subepithelialen Plexus *elastische Fasern*, die teils einzeln gelegen, teils zu Fasernetzen vereinigt sind (Abb. 11). Manchmal kann man eine Insertion dieser Fasern an der Basalmembran des Epithels beobachten. Bei der Durchsicht der horizontalen und sagittalen Serienschnitte der Papilla fungiformis von Nutria kann man häufig eine Einstrahlung dieser Fasern in die Sekundärpapillen verfolgen.

Quergestreifte *Muskelfasern* durchziehen das interzelluläre Fasernetz der Lamina propria und lassen sich bei Nutria bis in den Papillengrundstock verfolgen (Abb. 14).

Dort ziehen 4—6 Muskelfaserbündel bis an den unteren Rand des mittleren Drittels der Bindegewebspapille (bis 70 μ). Diese resultieren aus ursprünglich 10—12 Bündeln, die in der Lamina propria liegen. Innerhalb des bindegewebigen Grundstocks der Papille verlaufen sie nicht zentral wie beim Menschen (Beckers, 1974), sondern vom Hauptnervenstamm und den begleitenden Gefäßen getrennt, an der Peripherie der Bindegewebspapille (Abb. 10).

Innerhalb der Papille besteht eine enge Beziehung zwischen einstrahlender Muskulatur und Gefäßen. Je nach Schnittführung beobachtet man eine unmittelbare Anlagerung von 3—5 Muskelfaserbündeln an einzelne Gefäße. Die bei Nutria beschriebenen Befunde treffen für Ratte und Meerschweinchen nicht zu. Auch dort durchsetzen einige Muskelfasern die Lamina propria und ziehen an die Papillenbasis heran. Eine Einstrahlung in die Bindegewebspapille läßt sich in keinem Fall nachweisen. Die Fasern enden vielmehr an den dort meist horizontal verlaufenden Arteriolen und Venolen.

Neben den in der Bindegewebspapille vorliegenden *Zelltypen* wie Fibroblasten, Fibrozyten und vereinzelten Granulozyten und Lymphozyten fallen besonders die *Mastzellen* auf. Sie kommen einzeln oder in Gruppen weit verbreitet im lockeren Bindegewebe vor, am häufigsten in unmittelbarer Nachbarschaft der Nerven und Kapillaren. Das Zytoplasma der rundlichen, manchmal polymorphen und gelegentlich mit lappigen Fortsätzen versehenen Zellen ist reich an metachromatisch angefärbten Granula. Der häufig exzentrisch gelegene Zellkern ist verhältnismäßig klein und besitzt kugelige Form.

Plasmazellen konnten bei der Durchsicht der horizontalen und sagittalen Serienschnitte in den untersuchten Papillen nicht nachgewiesen werden.

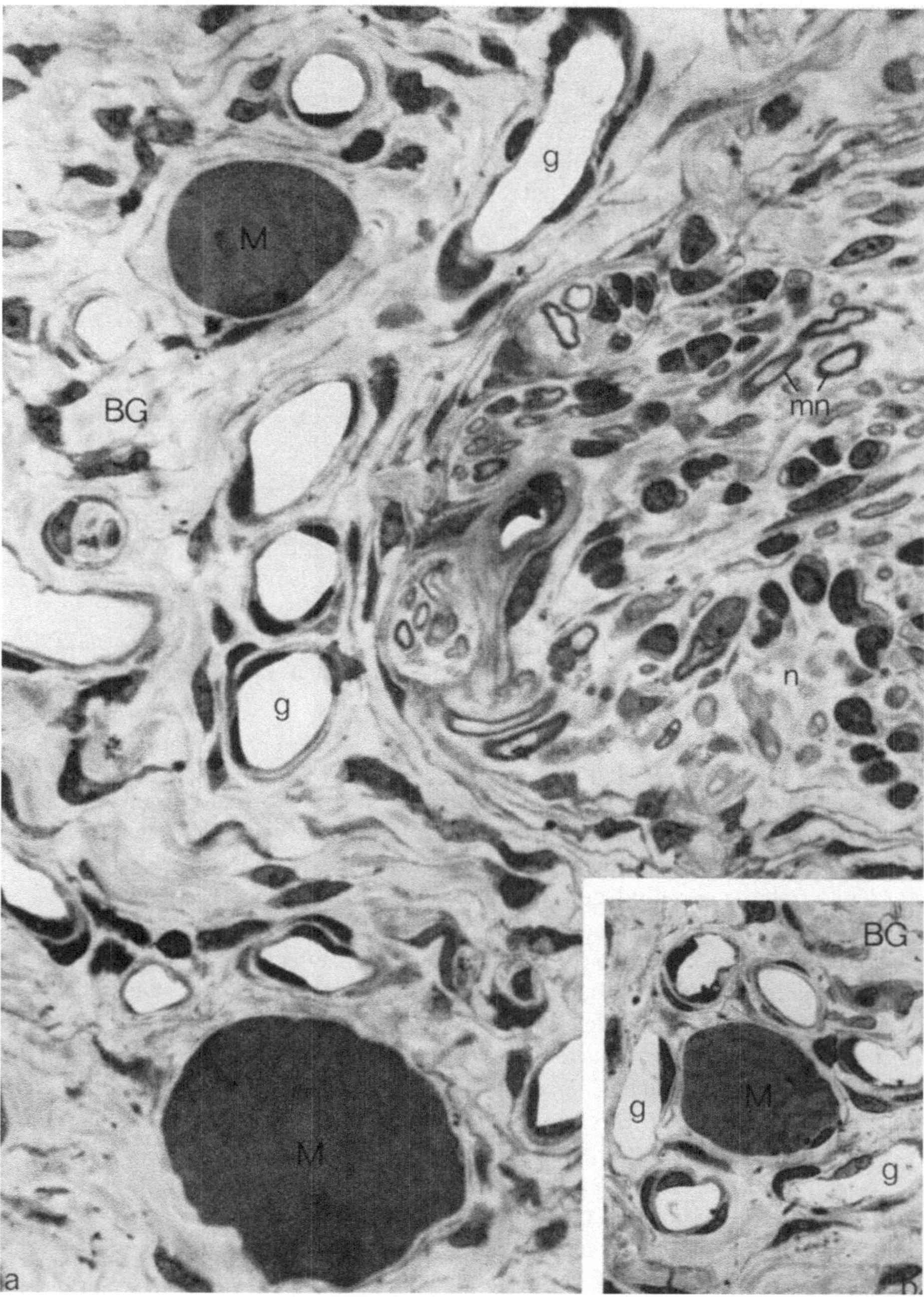

Abb. 14. (a) Ausschnitt aus dem unteren Drittel der Bindegewebspapille der Papilla fungiformis bei Nutria (Horizontalschnitt). In die Bindegewebspapille strahlende quergestreifte Muskelfasern (*M*) mit begleitenden Gefäßen (*g*) und der große Nervenhauptstamm mit markreichen (*mn*) und marklosen (*n*) Axonen. (b) Gleiche Schnittebene wie in Abb. 14a. Beziehung Muskulatur-Gefäße: eine Muskelfaser (*M*) wird von 6 Gefäßen (*g*) umgeben. *BG* Bindegewebe. Lichtoptische Aufnahmen. Vergr. (a, b) 800fach

5. Gefäße

Die Papilla fungiformis der Ratte eignet sich aufgrund ihrer Größe und Gestalt sehr gut, um das gesamte Gefäßsystem und die Nervenversorgung einer Papille zu untersuchen und zu rekonstruieren (Abb. 15). Bedingt durch die Größenzunahme und die damit verbundene vermehrte Anzahl von Gefäßen und Nerven kann sich deren Untersuchung bei Meerschweinchen und Nutria lediglich auf einen Vergleich mit den Befunden bei der Ratte beschränken.

Die Gefäßversorgung der Papilla fungiformis der Ratte erfolgt über eine Arterie, die aus der Binnenmuskulatur kommend, nach Teilung in der Lamina propria, in den bindegewebigen Grundstock der Papille einzieht und an der Papillenspitze 3 Kapillarschlingen bildet. Beim Meerschweinchen differiert die Zahl der Kapillarschlingen sehr stark. In kleinen Papillae fungiformes mit 3 Geschmacksknospen kann man 5, in großen Papillen mit 10 Geschmacksknospen 12 Schlingen zählen.

Der venöse Abfluß erfolgt bei allen untersuchten fungiformen Papillen tief in der Lamina propria, über parallel zur Zungenoberfläche verlaufende Venolen und Venen, die einen gemeinsamen Abfluß mit den abführenden Gefäßen der benachbarten Fadenpapillen haben.

Rekonstruktion. Die in der Abb. 15 gezeigte Rekonstruktion des Gefäßsystems der Papilla fungiformis der Ratte ist von der Seite der Papille aus gesehen. Aufgrund der Überlagerung der einzelnen Gefäße in der Projektion wurden die 3 Kapillarschlingen, um größere Übersichtlichkeit zu gewährleisten, gesondert in 4 Zeichnungen dargestellt. Abzweigungsstellen und Fortsetzungen des Gefäßverlaufes sind gleichartig gekennzeichnet. Eine eindeutige Unterscheidung zwischen Arteriolen und Venolen innerhalb der Bindegewebspapille ist nicht in allen Fällen möglich. Dies gilt auch für die Gefäße bei Meerschweinchen und Nutria.

Im oberen Papillendrittel sind in der einen Hälfte der Bindegewebspapille eine Gefäßschlinge (A), in der anderen Hälfte 2 Schlingen (B, C) erkennbar.

Eine genaue Untersuchung der Anzahl der Gefäßquerschnitte sowie der durchschnittlichen Querschnittsgrößen der Gefäße in den verschiedenen Abschnitten innerhalb der Bindegewebspapille ergibt bei den 3 untersuchten Tieren folgendes Ergebnis:

Durchschnittliche Anzahl der Gefäßquerschnitte von jeweils 4 untersuchten Papillae fungiformes bei Ratte, Meerschweinchen und Nutria:

	Oberes Drittel	Mitte	Unteres Drittel
Ratte	6	10	8
Meerschweinchen	17	35	28
Nutria	45	60	50

Mittlerer Durchmesser dieser Gefäße in μ:

	Oben	Mitte	Unten
Ratte	10—13	20	25
Meerschweinchen	20	30	35
Nutria	20	30	35

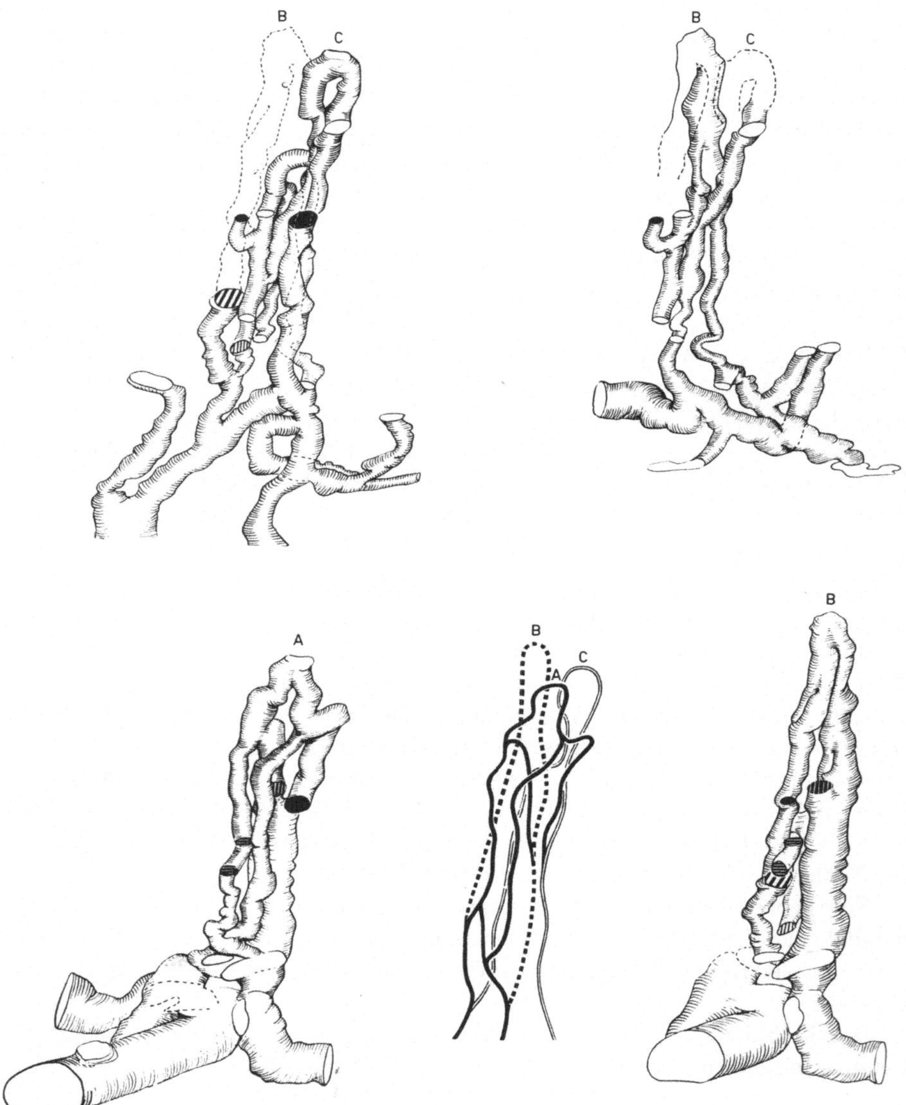

Abb. 15. Rekonstruktion der Gefäßarchitektur einer Papilla fungiformis der Ratte. Die drei Kapillarschlingen (A, B, C) wurden der Übersichtlichkeit halber auf 4 Zeichnungen verteilt. Entsprechende Markierungen zeigen entweder Abzweigungsstellen oder die Fortsetzung des Gefäßverlaufes in einer anderen Ebene an. Die schematische Zeichnung (in der Mitte unten) stellt die räumliche Anordnung der Kapillaren innerhalb der Bindegewebspapille dar

Daraus ergibt sich, daß in der Mitte der Papille in Relation zum Bindegewebs- querschnitt die stärkste Kapillarisierung vorliegt, bei der Ratte bedingt durch reiche Anastomosierung vornehmlich zwischen den Gefäßschlingen A und C. Die Zahlen besagen weiterhin, daß sich der Gefäßquerschnitt gegenüber der Papillenspitze im unteren Papillendrittel nahezu verdoppelt. Im Vergleich zur Größe der Papille ist bei Nutria keine Zunahme des Querschnitts gegenüber den Gefäßen beim Meerschweinchen erkennbar.

Bei der Durchsicht der horizontalen und sagittalen Serienschnitte der Papilla fungiformis der Ratte kann eine unmittelbare Beziehung der Gefäße zum Epithel oder zur Muskulatur nicht nachgewiesen werden. Anders verhält sich dies bei Meerschweinchen und Nutria. Bei beiden Tierformen treten die randständigen Gefäße bis ca. 2—3 μ an das Epithel heran (Abb. 9, 10, 12). In jeder vom Epithel gebildeten Nische ist über die gesamte Ausdehnung der Papille ein Gefäß gelegen. Diese randständigen Gefäße sind untereinander strickleiterartig verbunden.

Die Kapillaren der Sekundärpapillen (Abb. 12) haben mit den im Zentrum der Bindegewebspapille gelegenen Kapillarschlingen nur indirekt Kontakt: sie treten zunächst mit den randständigen Gefäßen in Verbindung und erst über diese mit den zentral gelegenen.

Eine direkte Beziehung zwischen Muskulatur und Gefäßen ist bei Nutria gegeben. Dort lagern sich die in die Bindegewebspapille einstrahlenden Muskelfasern einzeln oder bis zu 6 an die peripheren Gefäße an (Abb. 14b). Eine starke Vermehrung der Anzahl von Gefäßen oder eine stärkere Aufzweigung unmittelbar um oder unter der Geschmacksknospe kann bei der Papille der Ratte nicht beobachtet werden. Häufig ist dagegen bei Meerschweinchen und Nutria der horizontale Verlauf einer Kapillarschlinge halbseitig außen um die Geschmacksknospe nachzuweisen (Abb. 13c).

Arteriolen. Das aus der Muskulatur stammende, zuführende Gefäß kann bei der Ratte, bei Meerschweinchen und Nutria aufgrund des Wandbaues — eine einzige Muskelzellage der Media — als Arteriole bezeichnet werden. In der Lamina propria teilt sich dieses Gefäß und die beiden Äste ziehen gemeinsam mit dem Hauptnervenstamm in die Bindegewebspapille hinein. Dort kommt es im weiteren Verlauf zu einem allmählichen Verlust der Ringmuskelschicht und damit zum Übergang zum Kapillarwandbau.

Der Durchmesser dieser beiden Arteriolen beträgt bei der Ratte im unteren Papillendrittel 11—15 μ, der der größten Venole in diesem Bereich 24 μ. Dieser Kaliberunterschied zwischen Arteriolen und Venolen (Verhältnis 1:2) bleibt während des gesamten Gefäßverlaufes sehr konstant. Auch im oberen Papillendrittel gleichen sich die Lumina nicht an.

Kapillaren. In den oberen Abschnitten der Bindegewebspapille und in den Sekundärpapillen bei Nutria besteht die Wandung der Gefäße nur noch aus Endothel und der Basalmembran, die das Endothelrohr umkleidet. In den meisten Fällen liegen Perizyten der Kapillarwand an (Abb. 14, 16). In der Regel sind die längsovalen Endothelkerne in der Längsachse der Kapillaren eingestellt.

In jeder Sekundärpapille kann man eine zuführende Kapillare beobachten, die bis zur Spitze zieht, dort in den venösen Schenkel übergeht und die Sekundärpapille wieder verläßt (Abb. 12a). Der Durchmesser des venösen Schenkels ist in der Regel 2—3mal größer als der des zuführenden Abschnittes.

In der Nachbarschaft der Kapillaren sind sehr häufig Mastzellen gelegen. Mit der beobachteten Teilung einzelner Sekundär- in Tertiärpapillen geht auch immer eine Gabelung des zuführenden Haargefäßes einher.

Venolen. Der Abfluß aus den Kapillarschlingen erfolgt über zahlreiche sinusartige Venolen. Der Wandbau dieser Gefäße unterscheidet sich kaum von dem der
Kapillaren. Die einzigen Unterscheidungsmerkmale sind der nach basal zunehmende Gefäßquerschnitt und die vereinzelt nachzuweisenden glatten Muskelzellen. Die Tunica externa setzt sich ohne scharfe Grenze in das nachbarliche
Bindegewebe fort. Der Durchmesser des venösen Hauptgefäßes beträgt an der
Basis der Rattenpapille ca. 45 μ.

In der Lamina propria münden die Venolen in parallel zur Zungenoberfläche
verlaufende, großkalibrige Venen (Abb. 15). Diese Venen sind als solche aufgrund
des Wandbaues zu identifizieren. Für die abführenden Gefäße der benachbarten
Papillae filiformes stellen sie ebenfalls das Sammelbecken dar.

6. Nerven

Die Nervenversorgung der Papilla fungiformis erfolgt sowohl über Fasern der
Chorda tympani als auch über solche des Nervus lingualis. Nach Beidler (1969)
treten bei der Ratte neben markhaltigen mehrere hundert unmyelinisierte Nervenfasern in jede Papille ein. Ein Viertel von diesen marklosen Fasern stammt aus der
Chorda tympani und innerviert die Geschmacksknospe. Der Hauptteil der ver-
bleibenden Axone sind Fasern des N. lingualis.

Die lichtoptische Untersuchung der Nervenversorgung der Papilla fungiformis
der Ratte ergibt, daß jede einzelne Papille von Nervenfaserbündeln versorgt wird,
die in der Tunica propria mucosae gelegen sind und unter jedem Papillengrundstock
einen Ast abgeben. Dieser Hauptast, dessen Durchmesser an der Basis der Papille
35 μ, in der Mitte noch 25 μ beträgt, gibt in seinem Verlauf durch die Papille 3 Nebenäste ab. Die Abzweigungsstellen liegen in unterschiedlicher Höhe: eine an
der Basis der Bindegewebspapille, eine im unteren Drittel und schließlich eine im
unteren Teil des mittleren Papillendrittels. Die Nebenäste liegen zunächst noch
im gemeinsamen Perineurium, zweigen sich dann aber ab und ziehen entlang den
Kapillarschlingen zur Papillenspitze. Sie führen neben markarmen Fasern in der
Regel 3—5 markhaltige Axone. Diese können in ihrem Verlauf zum Epithel und
zur Oberfläche der Bindegewebspapille verfolgt werden. Unter allmählichem Verlust der Myelinscheide splittern sich die Fasern im Bindegewebe weiter auf und
bilden subepitheliale Plexus (Abb. 11, 16).

Der Hauptast liegt in seinem Verlauf in den beiden unteren Papillendritteln
im Zentrum des Bindegewebskörpers (Abb. 8). Zur Papillenspitze fasert er sich
im Bereich der Geschmacksknospe unter Abgabe verschiedener Äste in einen um-

Abb. 16. Horizontalschnitt durch eine Papilla fungiformis der Ratte. Schnittebene in Höhe
des mittleren Drittels der Geschmacksknospe (*GK*). Beachte die reichhaltige Innervation
im subepithelialen Bereich, die zahlreichen marklosen Axone (*n*) und die mitochondrienhaltigen Axonanschwellungen (*Ms*), die teils einzeln, teils zu zweit, unabhängig von der
Geschmacksknospe, im Bindegewebe liegen. Dazwischen Bindegewebszellen (*Bz*), die mit
ihren Ausläufern bis an die Basalmembran des Epithels (*E*) heranziehen und den subepithelialen Nervenplexus mit Mitochondriensäcken in kleinere Einheiten unterteilen. *g* Gefäße
mit Endothelzellkern (*e*). *w* Wurzelfüßchen, *BG* Bindegewebe, *mt* Mitose, *K* Keratohyalingranula. Lichtoptische Aufnahme. Vergr. 2600fach

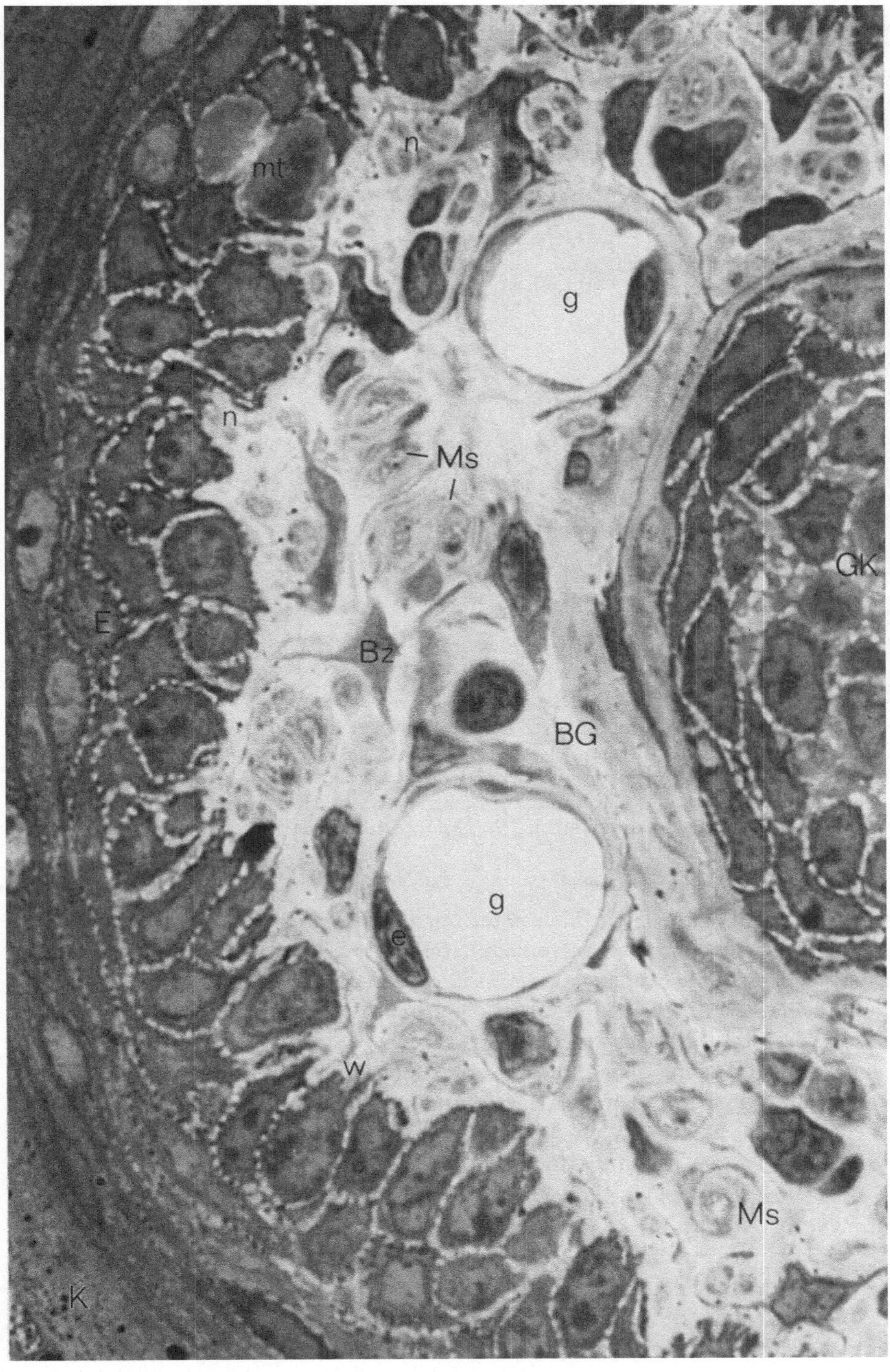

Abb. 16

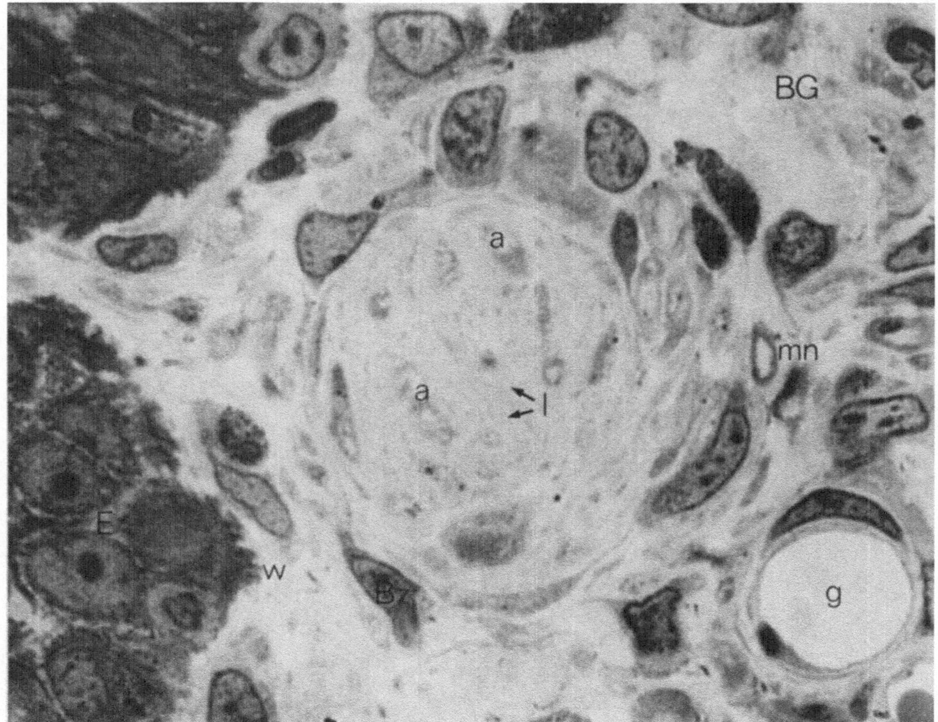

Abb. 17. Subepithelial gelegenes, lamellär differenziertes Nervenendkörperchen in der Papilla fungiformis bei Nutria. Ungeordnet ausgerichtete Axone (*a*) mit peripher gelegenen Mitochondrien. Periphere Abgrenzung des Körperchens durch Ausläufer mehrerer Bindegewebszellen (*Bz*). *l* Lamellen der Schwannschen Zellen, *mn* markreicher Nerv, *g* Gefäße, *BG* Bindegewebe, *w* Wurzelfüßchen des Epithels (*E*). Lichtoptische Aufnahme. Vergr. 2000fach

schriebenen subepithelialen Plexus auf. Der Hauptteil dieser Fasern zieht zur Geschmacksknospe. Im oberen Papillendrittel ist am Hauptnerven und an den abzweigenden Ästen lichtoptisch kein Perineurium mehr zu erkennen.

Bei der Ratte beträgt der Anteil der markhaltigen Nervenfasern im Bereich der Tunica propria mucosae, wo der Hauptnervenstamm noch mit den Nerven benachbarter Fadenpapillen in Verbindung steht, ca. 27—30. In den eigentlichen Bindegewebsstock der Papille ziehen neben zahlreichen marklosen, durchschnittlich 20—22 markhaltige Axone ein. Ihre Zahl nimmt am Übergang zum mittleren Papillendrittel von 15 auf 7—10 ab.

Bei Meerschweinchen und Nutria ist bereits vor dem Übergang zum oberen Papillendrittel lichtoptisch kein deutlich abgrenzbares Perineurium mehr zu erkennen. In dieser Höhe beginnt die Aufsplitterung der Nervenfaserbündel und die Bildung ausgedehnter *subepithelialer Plexus*.

Die Ausbildung dieser Plexus beginnt bei der Ratte am Übergang zum oberen Papillendrittel. Der gesamte Abschnitt, in dem der Nervenplexus nachzuweisen ist, beträgt bei der Ratte in der Höhe 60 μ, bei Nutria 120 μ und beim Meerschweinchen 45 μ für kleinere Papillen bzw. 70 μ für größere Papillen.

Der Plexus breitet sich innerhalb des längsovalen Papillenquerschnitts der Ratte an der gesamten Epithel-Bindegewebsgrenze aus. Der ringförmige Komplex der subepithelialen Nervenendigungen wird von einem Kranz von Capillaren umgeben. Im Bereich dieser Gefäße lassen sich vermehrt Bindegewebszellen und Kollagenfasern nachweisen.

An Nervenendformationen in den Papillae fungiformes der Ratte kann man lichtoptisch subepithelial Mitochondriensäcke und bei Nutria lamellär differenzierte Körperchen (Abb. 17) beobachten, die einer eingehenden elektronenoptischen Untersuchung unterzogen wurden.

7. Größenbeziehungen

Abschließend galt es zu klären, welchen Einfluß die Körpergröße des Tieres auf die Ausformung der Papille hat. Um diese Frage zu beantworten, wurde die Papilla fungiformis des Wasserschweins als der größten rezenten Nagerform und der nächste Verwandte des Meerschweinchens untersucht, wobei auf die Größe der Papille, auf den Bindegewebs-Epithelkontakt, auf die Anzahl der Sekundärpapillen und Geschmacksknospen sowie auf Kapillardichte und Nervenversorgung besonderer Wert gelegt wurde. Dabei stellt sich heraus, daß die Anzahl der Papillae fungiformes beim Wasserschwein sehr gering ist, ihre absolute Größe jedoch die der anderen untersuchten Tierformen bei weitem übertrifft. Die Primärpapille mißt in der Gesamthöhe — Epithel + Bindegewebspapille — 0,8 mm und ist damit fast 3mal so hoch wie die Papille von Nutria und 4mal so hoch wie die des nächsten Verwandten, des Meerschweinchens. Ähnliche Größenverhältnisse liegen beim Papillenquerschnitt vor. Man beachte dabei das durchschnittliche Gewicht und die Kopf-Rumpflänge der beiden nahe verwandten Tierarten:

	Gewicht	KRL
Meerschweinchen	bis 900 g	22,5—33,5 cm
Wasserschwein	bis 50 kg	100—130 cm

Die Bindegewebspapille ist an der Basis im Durchmesser beinahe doppelt so breit wie an der Papillenspitze und erinnert in ihrer Form ähnlich wie bei Nutria an einen stumpfen Kegel.

In der gesamten Längenausdehnung der Papille werden in verschiedenen Ebenen Sekundärpapillen gefunden, die nicht nur in der Anzahl, sondern auch in der Länge und Breite die von Nutria übertreffen. An der Papillenbasis können über 30 Sekundärpapillen nachgewiesen werden. Ihre Zahl nimmt zum mittleren Papillendrittel auf 20—22 ab. Sie enden alle mit fadenförmigen Hornzapfen, die entweder im Papillenepithel liegen oder im Interpapillarraum erscheinen und über das Niveau der Primärpapille ragen.

Man beobachtet bei der Papilla fungiformis des Wasserschweins nur breite Bindegewebsleisten, die tief ins Epithel vordringen und die Gesamtkontaktfläche zwischen Epithel und Bindegewebe um ein Vielfaches vergrößern (Abb. 18). An der Papillenbasis können 28 solcher Leisten gezählt werden. Ihre Anzahl verringert sich zur Papillenmitte auf 20 und von dort laufen sie allmählich zur Oberfläche der Papille aus.

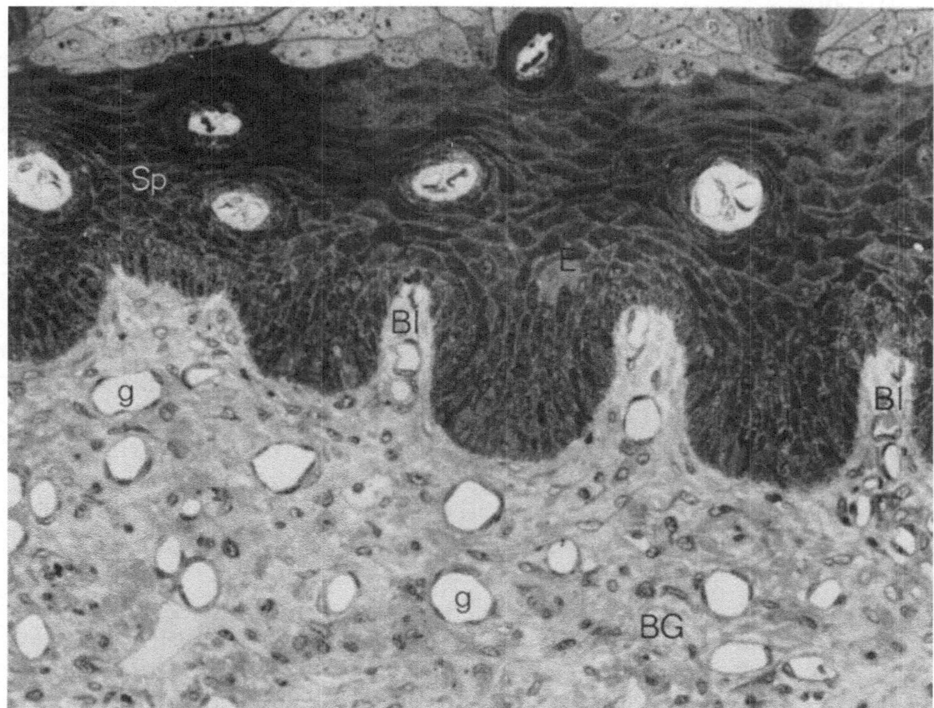

Abb. 18. Ausschnitt aus dem Grenzbereich zwischen Bindegewebe (*BG*) und Epithel (*E*), Papilla fungiformis des Wasserschweins. Horizontalschnitt durch das mittlere Papillendrittel. Beachte die große Anzahl von Gefäßquerschnitten (*g*) unter dem Epithel, die Bindegewebs-leisten (*BL*), die weit ins Epithel vordringen und die Sekundärpapillen (*Sp*). Lichtoptische Aufnahme. Vergr. 250fach

Entsprechend der unterschiedlichen Papillengröße findet man auch eine unterschiedlich große Anzahl von Geschmacksporen bei den einzelnen Spezies. In den Papillen der Ratte beobachtet man stets nur einen Geschmacksporus, beim Meerschweinchen im Mittel 5—6, bei Nutria 10—15 und beim Wasserschwein je nach Größe der Papille 8—18.

Die Blutversorgung der Papille ist noch komplexer als bei Nutria. Die bei den 3 untersuchten Tierformen Ratte, Nutria und Meerschweinchen beobachtete verstärkte Kapillarisierung im mittleren Papillendrittel kann beim Wasserschwein nicht nachgewiesen werden. Dort sind an der Papillenbasis über 100 Gefäßquerschnitte vorhanden. Ihre Zahl bleibt bis zum mittleren Papillendrittel konstant und nimmt von da an zur Papillenoberfläche kontinuierlich ab. An der Basis treten in mehreren Bündeln über 130 markhaltige Nervenfasern in die Papille ein — bei der Ratte sind es 20—22, beim Meerschweinchen 35 und bei Nutria 80. Diese Bündel teilen sich in ihrem Verlauf zur Papillenoberfläche stark auf und bilden bereits im mittleren Papillendrittel ausgedehnte subepitheliale Nervenendplexus.

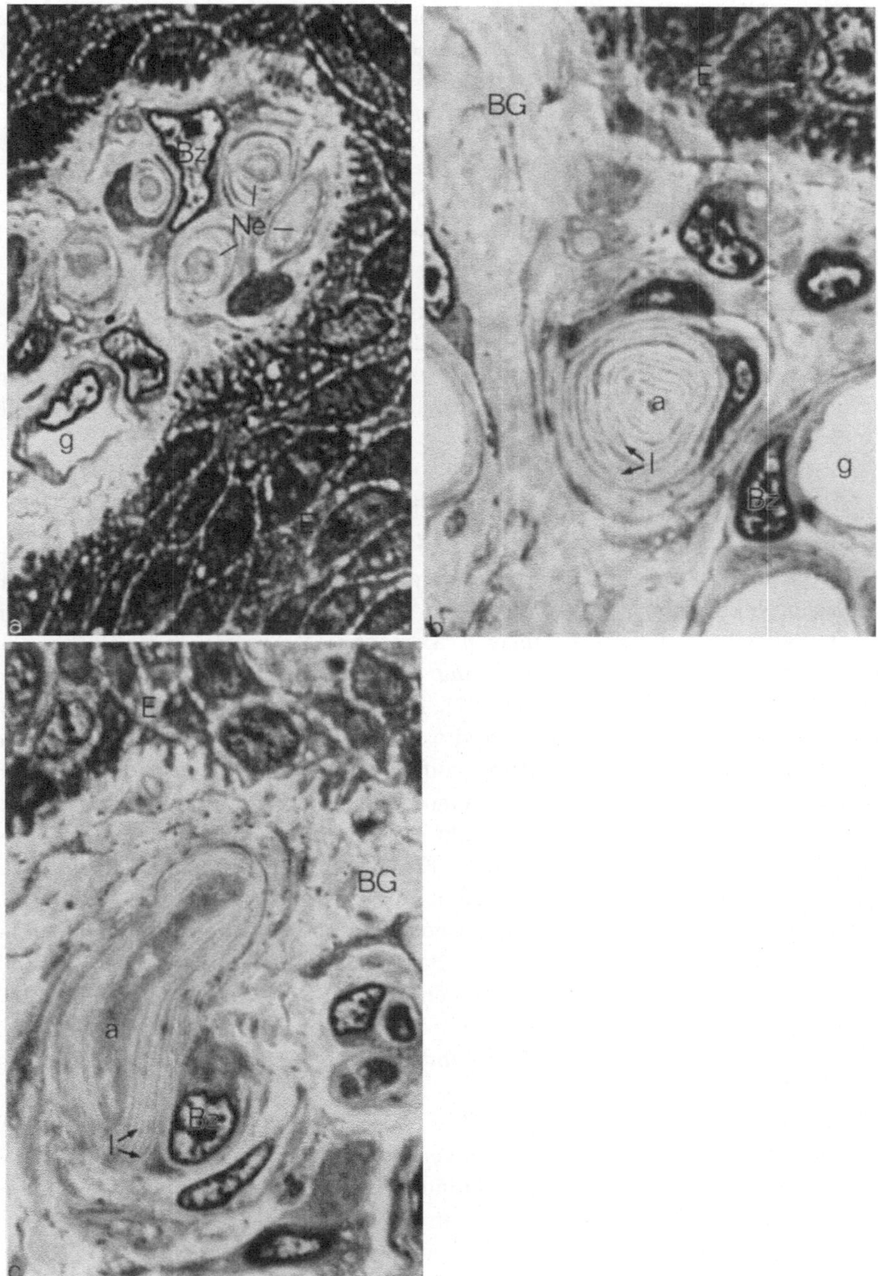

Abb. 19a—c. Lamellär differenzierte Nervenendigungen (*Ne*) in den Bindegewebskelchen der Papilla fungiformis des Wasserschweins in verschiedenen Anschnitten und Schnittebenen. Bezeichnung wie in Abb. 17. Vergr. (a) 680fach, (b) 2200fach, (c) 1700fach

Während bei Nutria nur vereinzelt Nervenendformationen gefunden werden, kommen solche in der Papille des Wasserschweins häufig vor. Sowohl Mitochondriensäcke als auch lamellär differenzierte Körperchen sind vor allem im oberen Papillendrittel in großer Anzahl vertreten (Abb. 19).

C. Elektronenoptische Befunde der Nervenversorgung: Feinstruktur der Nervenendigungen

Die Papilla fungiformis von Ratte und Nutria wurde anhand von Semi- und Ultradünnschnitten auf die Art der Nervenendigungen innerhalb der Bindegewebspapille und des angrenzenden Epithels untersucht. Dabei konnten verschiedene Arten nervöser Endstrukturen unterschieden werden: 1. Vesikelhaltige Axone a) im Bindegewebe, b) im Epithel; 2. Mitochondriensäcke; 3. Lamellär differenzierte Körperchen.

1. Bläschenhaltige Axone
a) im Bindegewebe

Im oberen Drittel der Bindegewebspapille fällt besonders der Reichtum an marklosen Nervenfasern auf. Diese liegen frei im Bindegewebe und bestehen in einigen Fällen nur aus einem einzigen Axon ohne Schwannzellumhüllung, aber mit deutlicher Basalmembranbegrenzung, meistens jedoch schließt die Schwannsche Zelle 2—8 Axone ein (Abb. 20, 27). Nervenfasern ohne Schwannzellumhüllung kommen nicht sehr häufig vor und weisen weder enge Beziehung zu den Gefäßen noch zu Bindegewebsstrukturen auf und endigen ohne besondere morphologische Differenzierung z.B. in Form eines Endkolbens frei im Interstitium.

Die übrigen Axone zeigen die charakteristische Beziehung zur Schwannschen Zelle, d.h., durch unterschiedlich tiefe Einfaltung der Zellmembran und Ausbildung von Mesaxonen werden die Axone ins Zytoplasma verlagert. Die an der Peripherie der Schwannschen Zelle gelegenen Axone sind von den umgebenden Bindegewebsstrukturen nur durch die Basalmembran der Schwannschen Zelle getrennt. Der Durchmesser der einzelnen Axone in solchen mono- oder polyaxonalen Endformationen variiert zwischen 0,2—0,5 µ. Sie enthalten Neurotubuli, Neurofilamente, sowie Mitochondrien vom Crista-Typ in unterschiedlicher Zahl und Verteilung.

Die Zahl der Neurotubuli, deren Durchmesser bei 200 Å liegt und die regelmäßig in der Längsrichtung der Axone verlaufen, ist abhängig von der Dicke des Axons: die kleineren enthalten 4—5 Tubuli, in den größeren Axonen steigt deren Zahl stark an. Die Neurofilamente, deren Verlaufsrichtung und Anzahl variiert, weisen einen Durchmesser von 60—70 Å auf.

Abb. 20. Subepitheliale, polyaxonale, marklose Nervenfasern in der Papilla fungiformis der Ratte. Die von der Schwannschen Zelle (*S*) eingehüllten Axone (*a*) enthalten Mitochondrien (*m*), Neurotubuli, leere und granuläre Vesikel (*gv*) in unterschiedlicher Zahl und Verteilung. Einige Axone werden nur noch teilweise von Fortsätzen der Schwannschen Zelle umgeben. Sie grenzen unmittelbar an die Basal-Membran an (↑). *mi* Mikrovilli, *b* Basalmembran des Epithels (*E*), *BG* Bindegewebe. Elektronenoptische Aufnahme. Vergr. 34000fach

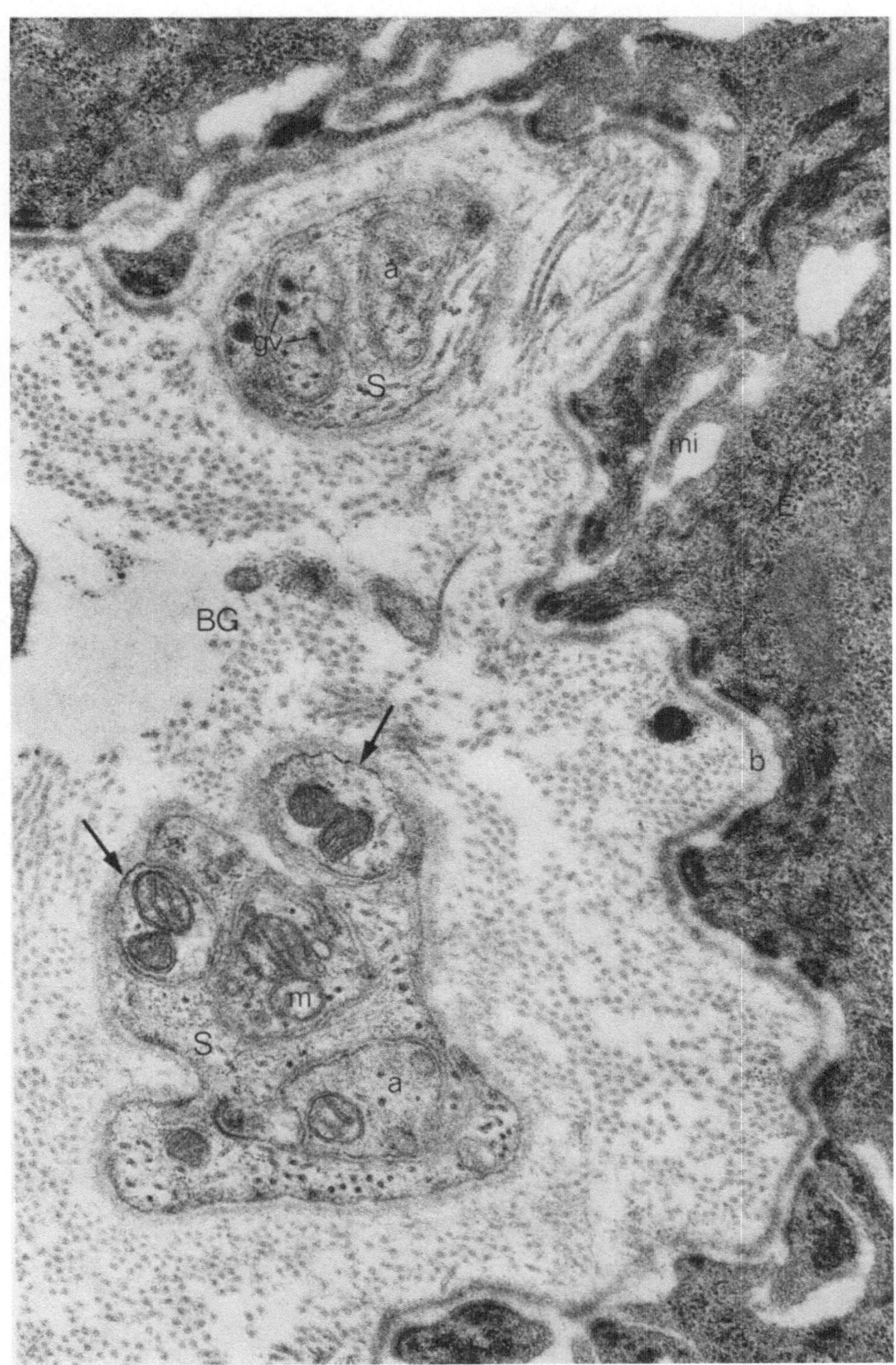

Abb. 20

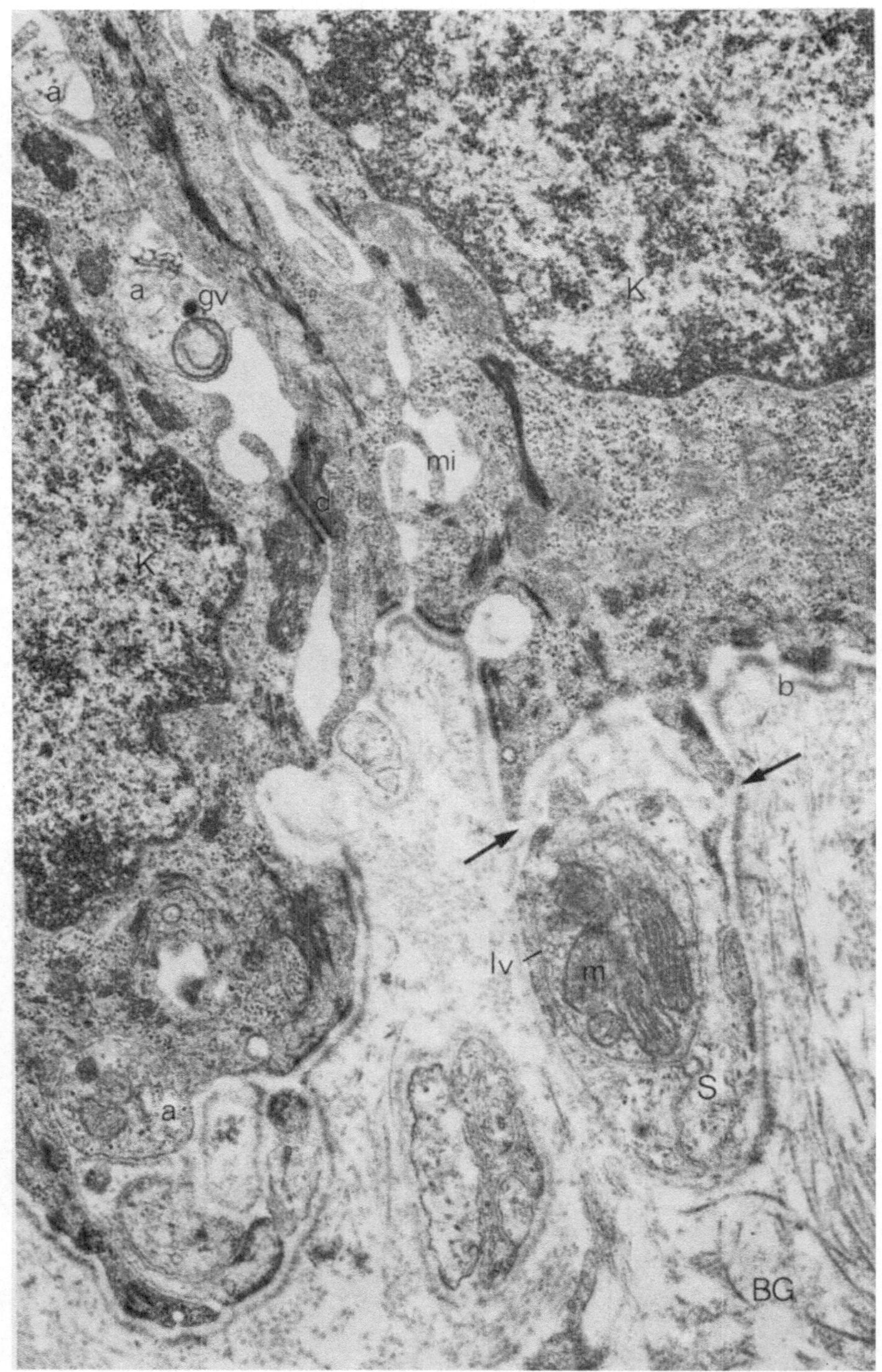

Abb. 21. Einzelne subepithelial und intraepithelial gelegene marklose Nervenfasern in der Papilla fungiformis der Ratte. Bei (↑) beobachtet man die Verschmelzung der Basalmembran (*b*) des Epithels mit der der Schwannschen Zelle (*S*). *lv* leere Vesikel, *d* Desmosomen, *K* Kern der Basalzelle. Bezeichnung wie in Abb. 20. Elektronenoptische Aufnahme. Vergr. 26000fach

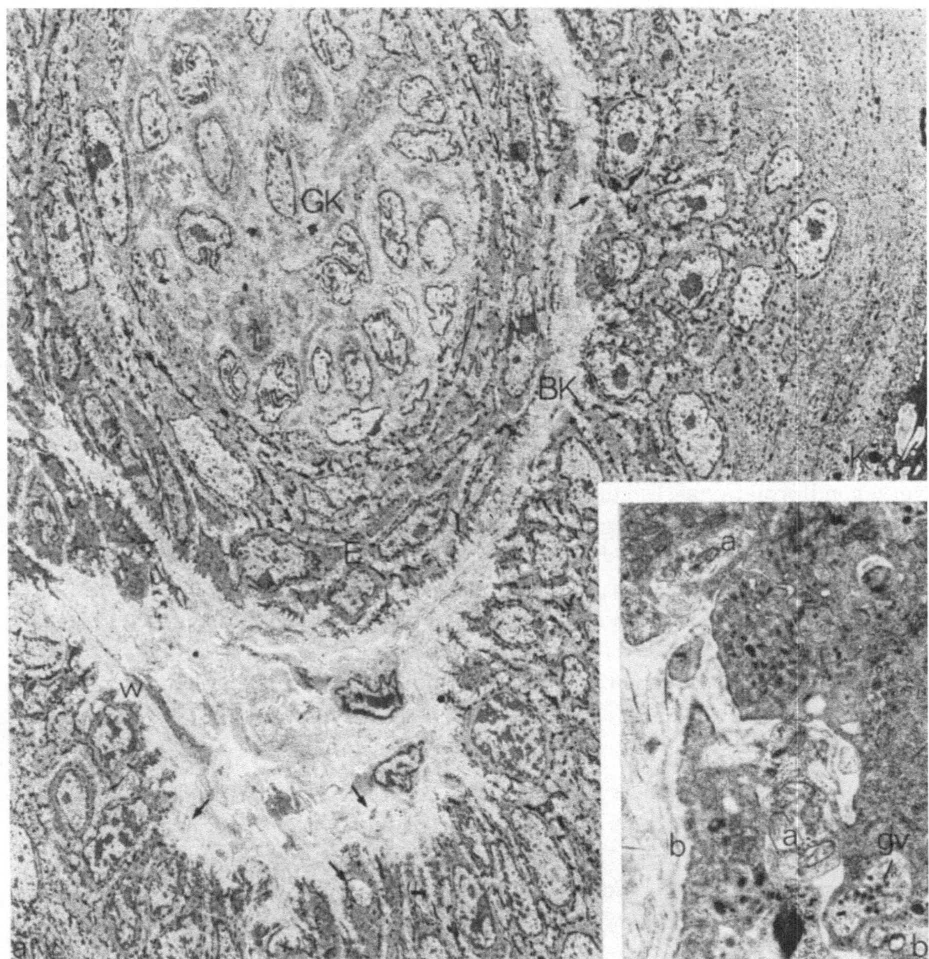

Abb. 22. (a) Horizontalschnitt durch eine Papilla fungiformis der Ratte in Höhe des oberen
Drittels der Geschmacksknospe (*GK*). Übersichtsaufnahme. Achte auf die Epithelummante-
lung (*E*) der Geschmacksknospe, den umgebenden Bindegewebskelch (*BK*) mit zahlreichen
marklosen Axonen (↑) und die Wurzelfüßchen (*w*) der basalen Epithelzellen. (*b*) Ausschnitt
aus dem basalen Anteil der Geschmacksknospe. Beachte die zahlreichen Axone (*a*). Ein
Axon ist dicht gepackt mit granulären Vesikeln (*gv*). *b* Basalmembran des Epithels der
Geschmacksknospe, *K* Keratohyalingranula. Elektronenoptische Aufnahmen.
Vergr. (a) 1 800fach, (b) 13 000fach

Neben diesen Strukturelementen findet man in einzelnen Axonen membranbegrenzte Bläschen: leere Vesikel mit einem Durchmesser von 500—700 Å und
Vesikel mit elektronendichtem Inhalt, deren Durchmesser zwischen 400—1 500 Å
betragen kann. Es kommen Axone vor, die nur Neurotubuli, Mitochondrien und
Neurofilamente enthalten, andere, in denen man weiterhin beide Bläschenformen
in geringer Anzahl beobachten kann und solche, die nur vesikuläre Strukturen
enthalten (Abb. 23a). Letztere haben einen größeren Durchmesser und zeichnen

sich meist durch dicke Packung der Vesikel aus. Bei solchen erweiterten Nervenendstrukturen überwiegt die Zahl derjenigen mit leeren Vesikeln. Erweiterte
Axone mit elektronendichten Vesikeln beobachtet man nur selten in den basalen
Abschnitten zwischen den Epithelzellen der Geschmacksknospen (Abb. 22 b), sub-
gemmal und in unmittelbarer Nachbarschaft von Gefäßen.

Normalerweise besitzen die Schwannschen Zellen einen runden bis ovalen
Kern. Ihr Plasma wird von einer kleinen Anzahl feiner, netzförmig angeordneter
Filamente durchsetzt. Außer diesen Filamenten findet man in geringer Zahl Profile des rauhen endoplasmatischen Retikulums, Mitochondrien, Golgilamellen und
vereinzelt Ribosomen und Glykogenpartikel. Häufig werden die Mitochondrien
von Zisternen des endoplasmatischen Retikulums umgeben. Durch diese locker
verteilten Zellorganellen erscheint das an sich strukturarme Zytoplasma der
Schwannschen Zellen im Vergleich zum Axoplasma elektronendichter und läßt
sich von diesem deutlich unterscheiden.

Solche polyaxonalen Apparate mit strukturarmen Schwannschen Zellen als
Nervenendformationen liegen zwischen Bindegewebszellen und deren Fortsätzen;
man findet jedoch keinen direkten „synaptischen" Kontakt mit diesen bzw. auch
nicht zu Strukturen der Gefäßwand. Es ist vielmehr so, daß die Bindegewebszellen und deren Ausläufer, die untereinander Kontaktstellen aufweisen, die
größeren Nervenstämme nach Art eines Perineuriums einhüllen (Abb. 16, 25).
Sie können durch eine fehlende Basalmembran von den Schwannschen Zellfort-
sätzen unterschieden werden.

b) im Epithel

Die Nervenfasern, die die Epithelgrenze erreichen, stammen entweder aus dem
epithelnahen Nervengeflecht oder ziehen aus tieferen Schichten der Bindegewebspapille an das Epithel heran. In der Mehrzahl sind es polyaxonale Fasern, die entweder von Ausläufern der Schwannschen Zellen umhüllt werden, wobei vor dem
Eintritt ins Epithel der dem Epithel anliegende Pol des Axons unbedeckt bleibt,
oder „nackt", d.h. nur von einer Basalmembran umgeben direkt unter dem
Epithel liegen.

Wenn die marklosen Nervenfasern ins Epithel eindringen, verschmilzt die an-
grenzende Basalmembran des Epithels mit der der nunmehr nackten oder mit ein
oder zwei Ausläufern der Schwannschen Zellen umhüllten Axone (Abb. 21). Die
epithelialen Wurzelfüßchen haben mit den langgezogenen Ausläufern der Schwannschen Zellen engen Membrankontakt.

Die mit ins Epithel ziehenden und die Axone zumindest noch teilweise umgebenden Ausläufer der Schwannschen Hüllzellen sind strukturarm und enthalten
eine geringe Zahl von Filamenten, pinozytotischen Vesikeln und Ribosomen in
ihrem Plasma, wodurch sie sich von den Epithelzellen und deren Fortsätzen
deutlich unterscheiden (Abb. 21, 23b, c).

Abb. 23a—c. Sub- und intraepithelial gelegene Axone (*a*) mit Mitochondrien (*m*), leeren (*lv*)
und einigen granulären (*gv*) Vesikeln in der Papilla fungiformis der Ratte. Beachte die mit
ins Epithel eindringende Schwannzellumhüllung (*S*). *K* Kern der Basalzelle, *b* Basalmembran
des Epithels, *BG* Bindegewebe. Elektronenoptische Aufnahmen. Vergr. (a, b) 28 000fach,
(c) 33 000fach

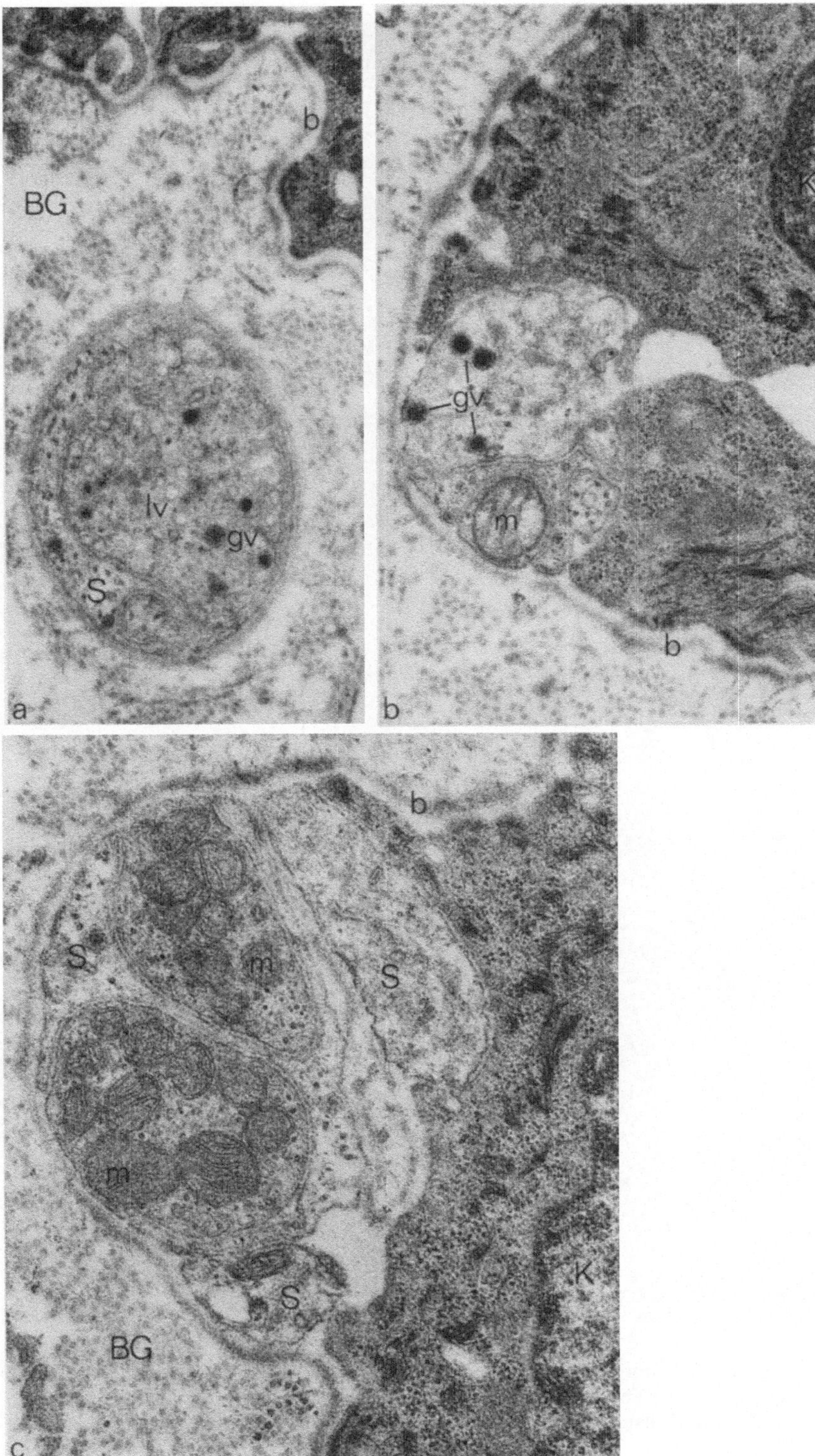

Abb. 23 a—c

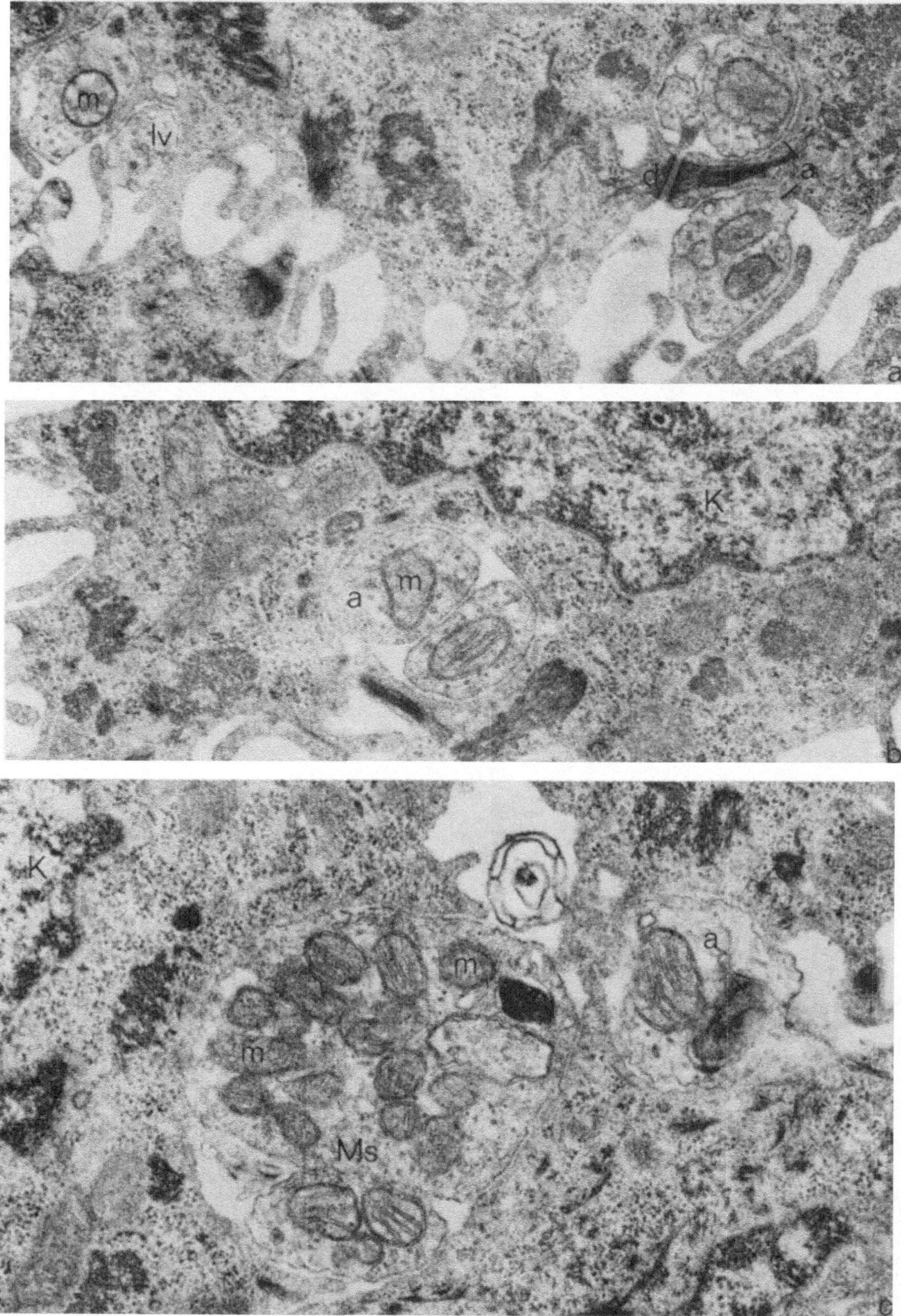

Abb. 24a—c. Im Stratum spinosum gelegene Axonanschnitte (*a*) mit Mitochondrien (*m*),
Neurotubuli und leeren Vesikeln (*lv*), Papilla fungiformis der Ratte. Schnittebene in Höhe
des Epithels der Papillenspitze. *K* Kern der Epithelzelle, *d* Desmosomen, *Ms* Mitochondriensack. Elektronenoptische Aufnahmen. Vergr. (a) 24 000fach, (b) 29 000fach, (c) 25 500fach

Die Schwannzellfortsätze, die mit einzelnen oder mehreren Axonen assoziiert in das Epithel vordringen, werden, wie man an Serienschnitten verfolgen kann, von Ausläufern der Basalzellen ersetzt. Diese umhüllen dann mesaxonähnlich meist nur einzelne Axone.

Höher im Epithel, im Stratum spinosum, verlaufende Axone (Abb. 24) enthalten neben Neurotubuli, Mitochondrien und leeren Bläschen ebenfalls Vesikel mit elektronendichtem Inhalt, jedoch ist ihre Anzahl im Gegensatz zum Vorkommen in den im Bindegewebe liegenden Axonen stark reduziert.

Bei der Untersuchung intraepithelialer Axone in der Papilla filiformis des Meerschweinchens beobachtete Böck (1971), daß die Axone häufiger an der Basis des Epithels entlang der Basalmembran verlaufen als daß sie in das Stratum spinosum ziehen. Bei der Papilla fungiformis der Ratte treten zahlreiche Axone senkrecht zur Basalmembran ins Epithel ein und dringen bis in das Stratum spinosum vor. Wenn man die intraepithelialen Axone bis in diese Epithelzonen an Serienschnitten verfolgt, dann werden die Anschnitte, die gehäuft Mitochondrien enthalten, sehr selten. Dagegen findet man oft Axonauftreibungen, die reich an leeren Vesikeln sind und manchmal Membranverdichtungen zu benachbarten Epithelzellen aufweisen.

Neurofilamente, die sich in unterschiedlicher Anzahl im Axoplasma nachweisen lassen, sind sowohl in den unmittelbar an der Basalmembran des Epithels anliegenden als auch in den intraepithelialen Axonen sehr selten bzw. nicht mehr zu beobachten. Es kommen Neurotubuli, einige Mitochondrien und vesikuläre Strukturen unterschiedlicher Größe vor.

2. Mitochondriensäcke

In dem Bindegewebskelch zwischen Geschmacksknospe und Epithel, also in den obersten Regionen der Bindegewebspapille, werden völlig unabhängig von den Geschmacksknospen in Epithelnähe mitochondrienhaltige Anschwellungen markloser Nerven gefunden, die als Mitochondriensäcke oder mitochondrienhaltige Nervenendigungen beschrieben werden (Abb. 16, 25—27).

Die zahlreichen axonalen Mitochondrien haben einen Durchmesser von ca. 0,15 µ und zeigen vereinzelt nur 1—2 längsausgerichtete Cristae, während die Mitochondrien der Endothel- und Bindegewebszellen meist 3—5 Cristae aufweisen. Kolbig erweiterte Axone, die dicht gepackt Mitochondrien enthalten, zeichnen sich weiterhin durch geringen Gehalt an leeren Vesikeln ($\varnothing$ 400—600 Å) und solchen mit elektronendichtem Inhalt ($\varnothing$ 800—1 200 Å) aus. Es kommen vereinzelt „dense bodies" mit einem myelinähnlichen, konzentrischen Membransystem und Glykogenpartikel vor.

Neurotubuli und Neurofilamente liegen meist im Zentrum der Mitochondriensäcke.

Im epithelnahen Bereich werden diese mitochondrienhaltigen Axonanschwellungen nur unvollständig von Plasmalamellen der Schwannschen Zelle umgeben, d.h., das dem Epithel benachbarte Axolemm wird durch die Basalmembran vom Interstitium getrennt. Die mehr zentral den Gefäßen benachbart gelegenen Mitochondriensäcke werden von mehreren konzentrisch ausgerichteten Lamellen um-

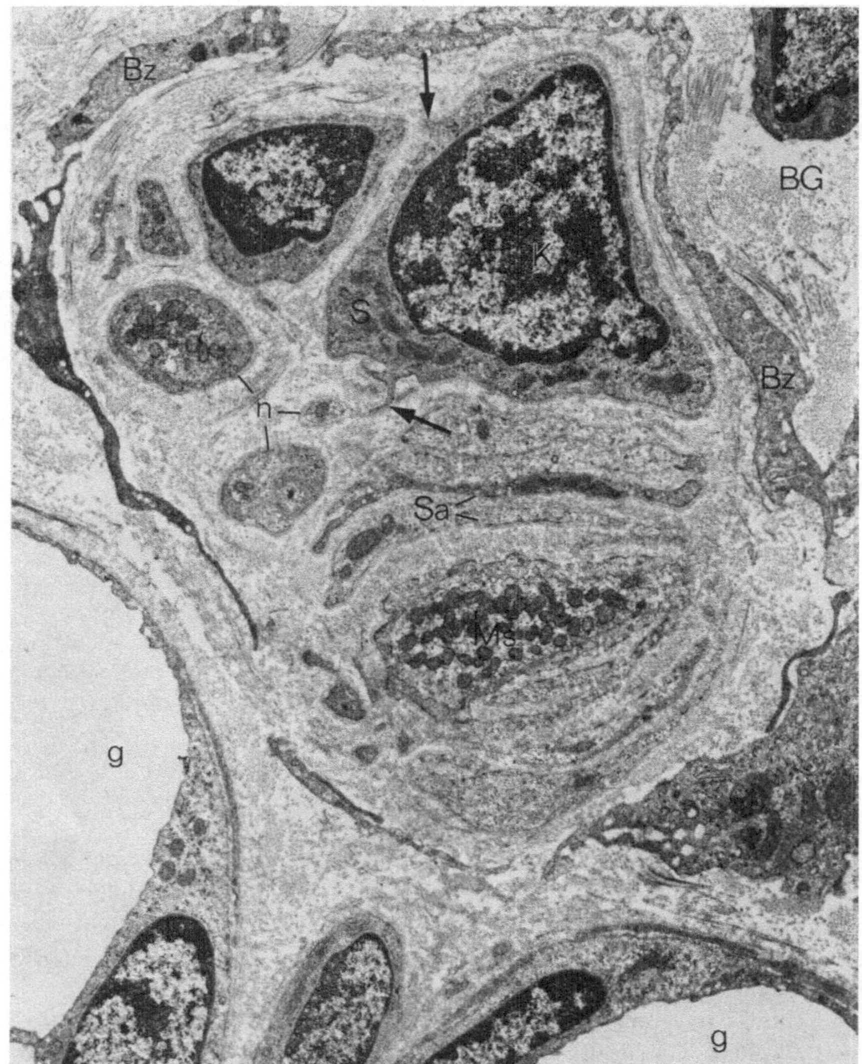

Abb. 25. Horizontalschnitt durch den Bindegewebskelch einer Papilla fungiformis der Ratte. Eine mitochondrienhaltige Axonanschwellung (*Ms*), die von den Ausläufern (*Sa*) einer Schwannschen Zelle (*S*) umhüllt und von mehreren Nervenfasern (*n*) umgeben ist, liegt in unmittelbarer Nachbarschaft von zwei Gefäßen (*g*). Beachte die fingerförmigen Ausstülpungen der Schwannschen Zelle (↑) und die Ummantelung des Komplexes von Ausläufern verschiedener Bindegewebszellen (*Bz*). Kern der Schwannschen Zelle (*K*). *BG* Bindegewebe. Elektronenoptische Aufnahme. Vergr. 11500fach

geben und können als Endkolben mit lamellärer Schwannzelldifferenzierung diagnostiziert werden.

Häufig lagern sich 2—3 solcher Mitochondriensäcke mit konzentrischer Lamellierung der Schwannschen Zellen aneinander; die periphersten Ausläufer der letzteren umhüllen dann den gesamten endkörperartigen Komplex. Diese Lamellen

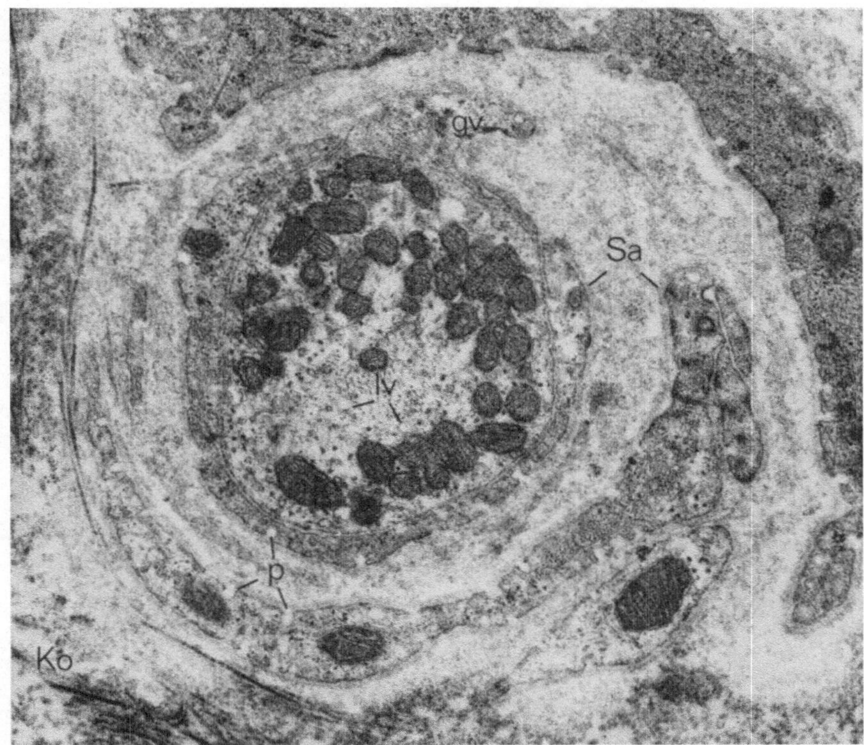

Abb. 26. Mitochondriensack, der von den Plasmaausläufern einer Schwannschen Zelle fast vollständig umhüllt wird, Papilla fungiformis der Ratte. Beachte die hauptsächlich periphere Anordnung der Mitochondrien (*m*), die Verteilung der Neurofilamente im Zentrum des Axoplasmas und die große Anzahl der Pinozytosebläschen (*p*) an der Oberfläche der Schwannzellausläufer (*Sa*). *lv* leere Vesikel, *gv* granuläre Vesikel, *Ko* Kollagen. Elektronenoptische Aufnahme. Vergr. 21 500fach

der Schwannschen Zellen sind stets von einer Basalmembran umgeben und zeichnen sich durch hohen Gehalt an pinozytotischen Vesikeln und Filamenten aus.

An einigen Stellen beobachtet man eine Protrusion des Axons (Abb. 27 b). Diese fingerförmige Ausstülpung, die mit leeren Vesikeln dicht gepackt ist, ragt zwischen den Plasmalamellen der Schwannschen Zellen ins Bindegewebe. Zur Papillenspitze hin nimmt der Duchmesser der Mitochondriensäcke ab, ebenso wie die Zahl der konzentrisch angeordneten Schwannzellamellen. Nur in einem Fall kann eine mitochondrienhaltige Axonanschwellung mit Schwannzellumhüllung intraepithelial beobachtet werden (Abb. 24 c), die jedoch nicht über das Stratum basale hinaus an Serienschnitten zu verfolgen ist.

3. Lamellär differenzierte Körperchen

Bei Nutria findet man in allen Papillae fungiformes in gleicher Höhe innerhalb der Bindegewebspapille und zwar auf dem Niveau, wo die von der Zungenober-

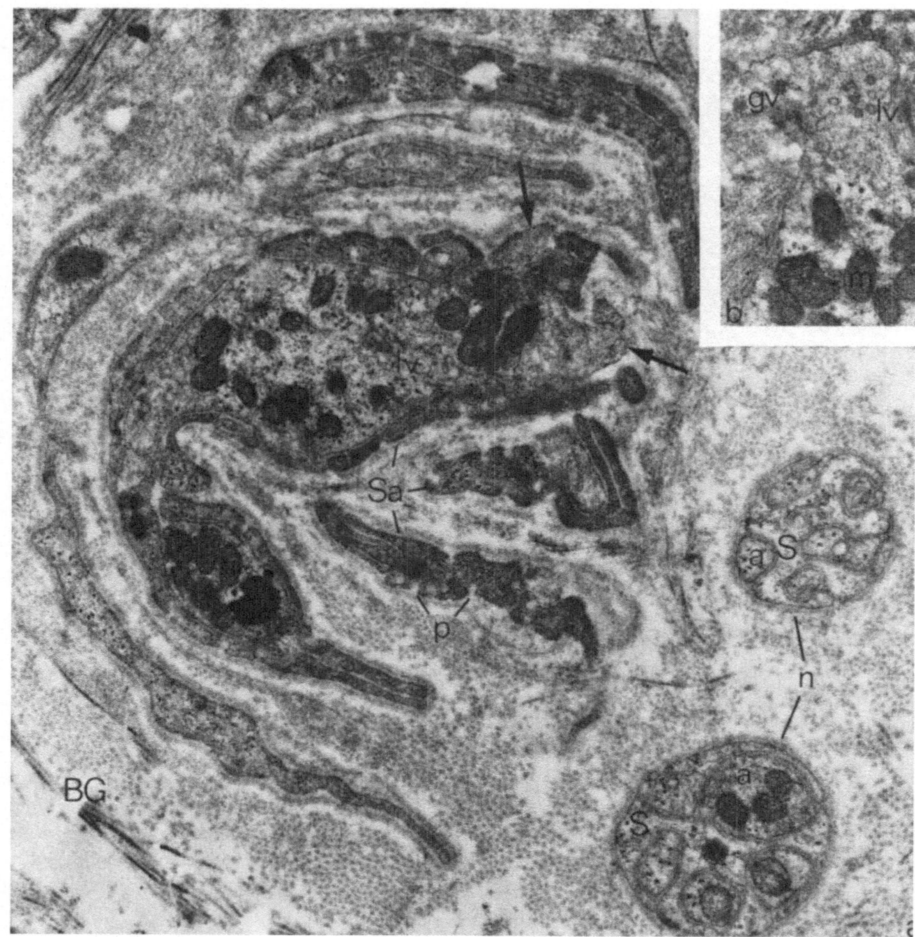

Abb. 27a u. b. Zwei Mitochondriensäcke werden von mehreren Plasmaausläufern Schwannscher Zellen (*Sa*), die sich an einigen Stellen über eine große Strecke überlappen, unvollständig umgeben. Papilla fungiformis der Ratte. In direkter Nachbarschaft liegen im Zytoplasma zahlreiche von zwei Schwannzellen (*S*) eingebettete Axone (*a*). Beachte die fingerförmigen Protrusionen des Axoplasmas der Nervenendigungen, die nur von der Basalmembran
bedeckt, direkt ans Bindegewebe (*BG*) grenzen (↑). (b) Fingerförmiger Axoplasmaausläufer
mit zahlreichen leeren (*lv*) und granulären Vesikeln (*gv*). Im Axon einige Mitochondrien (*m*).
n Nerven, *p* Pinozytosebläschen. Elektronenoptische Aufnahmen. Vergr. (a) 19000fach.
(b) 23000fach

fläche in die Bindegewebspapille hineinragenden Epithelzapfen enden, ein lamellär
differenziertes, nicht vollständig „eingekapseltes" Nervenendkörperchen. Dieses
liegt stets in direkter Nachbarschaft zum Epithel.

Im Lichtmikroskop heben sich diese Körperchen bei stärkster Vergrößerung
vom umgebenden Bindegewebe durch ihre Form, stärkere Anfärbung, deutliche
Lamellierung und ihrer mehr oder weniger ausgeprägten Kapsel ab (Abb. 17).

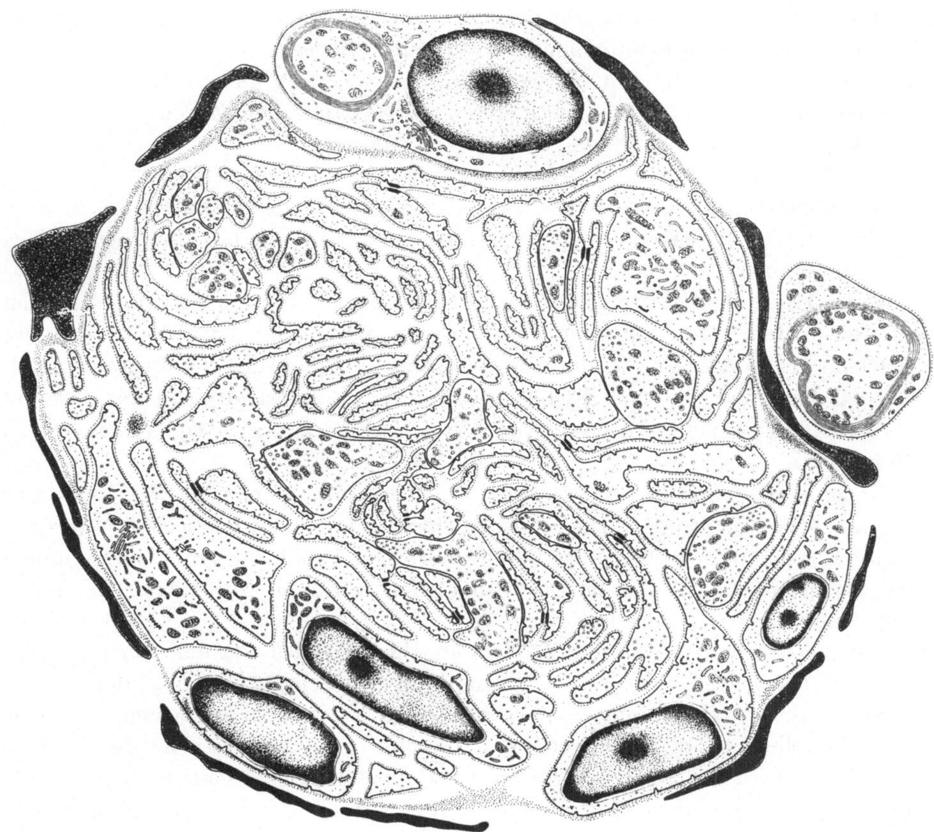

Abb. 28. Halbschematische Darstellung eines lamellär differenzierten Nervenendkörperchens in einer Papilla fungiformis bei Nutria. Das Körperchen weist im Zentrum zahlreiche ungeordnete Axone mit gering differenzierter Lamellierung der Schwannschen Zellen auf. Die periphere Abgrenzung erfolgt über lange Ausläufer fibrozytenähnlicher Zellen, die sich unvollständig überlappen. In direkter Nachbarschaft zum Körperchen liegen zwei markreiche Nervenfasern

Bei der Untersuchung der Ultrastruktur dieser Körperchen lassen sich im Zentrum ungeordnet, knäuelartig, zahlreiche Axone mit gering differenzierter Lamellierung der Schwannschen Zellen unterscheiden, die peripher von sich unvollständig überlappenden, langen Ausläufern fibrozytenähnlicher Zellen umhüllt werden (Abb. 28). Die Axone, die quer oder schräg angeschnitten sind, haben unterschiedliche Durchmesser. Die größeren enthalten zahlreiche Mitochondrien, die hauptsächlich dicht gepackt an der Peripherie liegen. Zentral im Axoplasma beobachtet man zahlreich Neurofilamente, die, wie man an längsgeschnittenen Axonen erkennen kann, ungerichtet verlaufen.

An einigen Stellen erkennt man eine Protrusion des Axons, fingerförmige mit leeren Vesikeln ausgefüllte Ausstülpungen, die zwischen den mehr oder weniger konzentrisch ausgerichteten Lamellen der Schwannschen Zellen bis in größere, nur mit Protofibrillen versehene Zwischenräume vordringen.

Vor allem in der Peripherie des Körperchens befinden sich einige kleinere Axone, die nur wenige Mitochondrien enthalten, gelegentlich leere Vesikel und konzentrische Myelinfiguren. Sie liegen nahe beieinander und weisen nur wenige umhüllende Lamellen der sie begleitenden Schwannschen Zellen auf und erscheinen aus diesem Grund als „axonreicher Komplex".

Alle Axone innerhalb des Körperchens werden von 3—5 Lamellen der Schwannschen Zellen eingehüllt. Meist sind es 2 oder 3 solcher Schwannzellen, die sich an der Ummantelung der einzelnen Axone beteiligen und sich mit ihren Ausläufern weit überlappen.

Jede Plasmalamelle zeigt eine deutliche Basalmembranbegrenzung. In den Spalten zwischen den Lamellen und zwischen diesen und den Axonen befindet sich eine große Anzahl von dünnen kollagenen Protofibrillen. Diese zeigen zwischen 2 Lamellen eine spezifische Orientierung und durchdringen das gesamte Nervenendkörperchen. An der Peripherie sind dann erstmals Kollagenfasern zu beobachten.

In einigen Schnitten und in den Übersichtsaufnahmen sind die Kerne der Schwannschen Zellen zu sehen. Sie erscheinen in abgerundeter oder unregelmäßiger, segmentierter Form. Im Perikaryon liegen Profile des granulären, rauhen, endoplasmatischen Retikulums, Golgilamellen, einzelne Mitochondrien, Ribosomen und Glykogengranula.

Pinozytosebläschen sind in großer Anzahl nahe des Plasmalemms der Lamellen vorhanden. Zwischen den Axonen und den Schwannzellausläufern, sowie zwischen den Lamellen untereinander können zahlreiche desmosomenähnliche Kontaktstellen beobachtet werden (Abb. 28). Das beschriebene Nervenendkörperchen wird von losen Lagen sich überlappender Zellausläufer umgeben, die von benachbarten Fibrozyten gebildet werden. An einigen Stellen sind sie unterbrochen. In diesem Bereiche besteht unmittelbarer Kontakt des umgebenden Bindegewebes mit den Innenstrukturen des Körperchens. Das Zytoplasma der einschichtigen „Kapsellamellen" ist arm an Zellorganellen. Nur stellenweise kann man Mitochondrien beobachten. Eine Basalmembran ist nicht nachweisbar. Dem Nervenendkörperchen lagern sich einige markhaltige Nervenfasern unmittelbar an. Zum Zentrum der Bindegewebspapille bilden Gefäße, die von elastischen Fasernetzen begleitet werden, die Abgrenzung des Körperchens. Nach außen dagegen stellt das benachbarte Epithel die Grenze dar (Abb. 17).

Diskussion

A. Morphologie der Zungenoberfläche

Bis vor wenigen Jahren war es entweder nur durch Rekonstruktion mittels Serienschnitten oder unter großem Zeitaufwand mit der Lupe und mit der indirekten Abdruckmethode nach Wolf (1940) möglich, die Zungenoberfläche mehr oder weniger plastisch darzustellen. Mit der Rasterelektronenmikroskopie ist man nun erstmals in der Lage, genaue und plastische Bilder von Oberflächenstrukturen in verschiedenen Ebenen naturgetreu wiederzugeben. Bedingt durch eine noch nicht einheitlich festgelegte sichere und schonende Präparationstechnik beim Vorgang der Fixierung der Proben, der Dehydratation, der Trocknung und

Bedampfung im Vakuum, müssen die Befunde kritisch beurteilt werden, auch wenn die Grundstruktur des Gewebes nicht grundsätzlich verändert wird.

Die Zunge der Ratte ist bereits von mehreren Autoren rasterelektronenoptisch untersucht worden, entweder um die Zungenoberfläche mit den verschiedenen Papillenarten zu beschreiben (Švejda und Škach, 1971; Yamamoto und Okabe, 1969; Sakaguchi und Watanabe, 1969), oder um die morphologischen Unterschiede einzelner Papillen darzustellen (Beidler, 1969; Škach und Švejda, 1972). Die Befunde dieser Autoren können weitgehend für die Ratte bestätigt werden. Die Verteilung und Anzahl der Papillae fungiformes auf den Zungen der untersuchten Tierarten ergeben ein unterschiedliches Bild: bei der Ratte erkennt man eine Massierung an der Zungenspitze, v.a. im Bereich des Sulcus medianus linguae. Im mittleren und hinteren Zungendrittel nimmt deren Zahl kontinuierlich ab. Die Papillen sind aber auch in der hinteren Zungenregion noch vereinzelt nachweisbar.

Bei Meerschweinchen und Nutria dagegen liegen sie in der vorderen Zungenhälfte locker verteilt — beim Meerschweinchen an der Zungenspitze auch auf der Zungenunterseite — ohne besondere Verdichtung. Im hinteren Drittel der Zunge kann man sie nicht mehr beobachten.

Normalerweise liegen die fungiformen Papillen im Niveau der Zungenoberfläche und werden von den benachbarten Fadenpapillen deutlich überragt. Lediglich im Bereich starker mechanischer Beanspruchung im vorderen Zungendrittel liegen die Papillae fungiformes von Ratte, Meerschweinchen und Nutria in gleicher Höhe mit den Fadenpapillen. Beim Wasserschwein befinden sie sich nur am hinteren Zungenrand unmittelbar vor den Papillae foliatae. Ihre Zahl ist auf 6—8 eingeschränkt. Hier beobachtet man im nahen Verwandtschaftsbereich differente Lokalisation und Anzahl der Papillae fungiformes. Inwieweit neben der mechanischen Beanspruchung einzelner Zungenpartien die Ernährungsgewohnheiten der Tiere die lagemäßige Beziehung der Papillen zur Zungenoberfläche beeinflussen, ist noch nicht geklärt.

Sekundärpapillen wurden als spezifische Strukturelemente der Papilla fungiformis bei größeren Tierspezies in der Literatur bisher nicht beschrieben. Bei Ratte und Meerschweinchen werden sie nicht beobachtet. Man findet sie jedoch bei Nutria und Wasserschwein. Mit dem Größerwerden der Tiere geht die höhere Differenzierung der Papilla fungiformis einher. Zwei Endigungsarten lassen sich bei den Sekundärpapillen unterscheiden: die meisten enden im Epithelmantel der Papille, einige jedoch durchdringen diesen und erheben sich im Papillengraben mit ihren Hornzapfen über die Oberfläche der Papillen. Eine Reizwirkung auf die Sekundärpapillen führt zu einer Richtungsänderung der Hornzapfen. Mittels dieses Hebelarmes kommt es zu Zug- und Druckauswirkungen im Epithel und Bindegewebe, wodurch es ähnlich wie bei den Fadenpapillen (Kunze, 1969) zu einer Sensibilitätssteigerung innerhalb der Papille kommen kann.

Die im Epithelmantel der Papille endenden Sekundärpapillen stellen eine zusätzliche Verzahnung zwischen Epithel und Bindegewebe der Papillen her und tragen zur sicheren Verankerung der Papillen innerhalb des Zungengewebes bei.

Die Papillen variieren bezüglich der Ausformung der *Geschmacksporen* stark. Während sich bei Ratte und Nutria die oberflächlichen Epithelzellen an der

Ausgestaltung der erhabenen Geschmacksporen beteiligen, kleiden sie beim Wasserschwein die Geschmackstrichter zwiebelschalenartig aus. Beim Meerschweinchen kann man sowohl trichterförmige Einziehungen als auch erhabene Poren nachweisen. Man kann vermuten, daß diese unterschiedliche Differenzierung der Geschmacksporen in Zusammenhang steht mit dem Alter der Tiere, mit der jeweiligen Lage der Papillen auf der Zungenoberfläche und mit artspezifischer Ausformung. Interessant war der Befund von *Epithelschuppen* auf der Oberfläche jeder Papille und die eigenartige Struktur der Schuppen bei starker Vergrößerung. Diese zeigt ein verflochtenes Netzwerk, das von Škach und Švejda (1972) mit der Hirnoberfläche verglichen wird und von Morgenroth und Morgenroth (1970) als ein Abdruck von auf der Epitheloberfläche vorhandenen Resten von Desmosomen, die nach den desquamierten oberflächlichen Zellen zurückgeblieben sind, gedeutet wird.

B. Größenbeziehung

Bei der Untersuchung der 4 Tierformen zur Morphologie der Papilla fungiformis stellt man fest, daß ein Zusammenhang zwischen der Körpergröße des Tieres und der Differenzierung der Papillen besteht. Bei einem solchen Vergleich muß man Beziehungen zur Organgröße bzw. Körpergröße, zur systematischen Stellung und zur spezifischen Ernährungsweise in Erwägung ziehen.

Man kann von der Ratte mit ihrer unverzweigten, säulenförmigen Papille bis zur großen, verzweigten Papille des Wasserschweins eine stufenweise, fast gleichsinnige Differenzierung des gesamten Papillenaufbaus verfolgen. Eine Zunahme der Kapillarisierung, der Anzahl der Geschmacksknospen, der Bindegewebsleisten und Sekundärpapillen, sowie eine kompliziertere Nervenversorgung geht in allen Fällen mit der Vergrößerung der Papille einher. Meerschweinchen und Wasserschwein, die einem einheitlichen, engumschriebenen Verwandtschaftskreis angehören, zeigen in der Körpergröße große Unterschiede. Diese Unterschiede spiegeln sich unter anderem in der Ausdifferenzierung der Papillen wieder. Die erstmals bei Nutria beschriebenen Sekundärpapillen oder lamellär differenzierten Nervenendkörperchen sind beim Wasserschwein in noch größerer Anzahl und Ausbildung vorhanden. Dies zeigt, daß mit zunehmender Körper- und Organgröße der Tiere und damit zunehmender gesteigerter Nahrungsaufnahme und Beanspruchung der Zunge eine Gesamtvergrößerung der Papille einhergeht und Einrichtungen notwendig werden, die der vermehrten funktionellen Belastung Rechnung tragen.

C. Gefäßarchitektur

Die Gefäßarchitektur der Papilla fungiformis ist in ihrer Gesamtheit bisher in der Literatur bei allen drei untersuchten Tierformen noch nicht beschrieben worden. Aufgrund der großen Anzahl von Gefäßquerschnitten innerhalb der Papillen von Meerschweinchen und Nutria, im Gegensatz zu deren Anzahl in der Rattenpapille, bietet sich letztere zu einer genaueren Untersuchung und damit verbundener Rekonstruktion an.

Ein Vergleich zwischen den Befunden von G. Dabelow (1951) an den Papillen der Hundezunge und Kunze (1969) an den Fadenpapillen des Menschen mit den eigenen Beobachtungen gibt einen Überblick über die unterschiedliche Differenzierung des Gefäßbaumes der einzelnen Zungenpapillen bei den verschiedenen Spezies.

Dabelow unterscheidet beim Hund zwei Typen von Papillae fungiformes: einen schlanken einfacheren im vorderen Zungendrittel und einen kompakten komplizierten in der Umgebung der Wallpapillen. Die Gefäßversorgung der letzteren kommt den eigenen Beobachtungen am nächsten, v.a. was die Querverbindungen innerhalb des Kapillarnetzes anbetrifft. Unterschiedlich ist der Ort der Aufzweigung des zuführenden Gefäßes: in der Papille des Hundes erfolgt sie im oberen, im vorliegenden Material im unteren Papillendrittel.

Die Anzahl der Gefäßschlingen innerhalb der Fadenpapille des Menschen übersteigt deren Zahl in den fungiformen Papillen der Ratte, jedoch ist das Grundprinzip der Gefäßversorgung mit der dichotomischen Aufzweigung des zuführenden Gefäßes von der Basis bis zur Spitze der Papille und der Abfluß über weitlumige, sinusartige Gefäße in venöse Sammelbecken in der Tunica propria mucosae gleichartig. Die zentrale Lage der zu- und abführenden Gefäße innerhalb des Papillengrundstockes läßt sich in beiden Papillenarten nachweisen.

In den Papillae fungiformes von Meerschweinchen und Nutria füllen Gefäße sämtliche durch Wurzelfüßchen des Epithels gebildete Nischen aus. Diese randständigen Gefäße, die bei Nutria außerdem mit den Kapillaren der Sekundärpapillen in Verbindung stehen, sind untereinander strickleiterartig verknüpft. Man kann von einem selbständigen Randgefäßsystem sprechen, das vermutlich eine wichtige Rolle bei der Ernährung in der Wechselbeziehung zwischen Bindegewebe und Epithel spielt.

Die von Brown (1937), G. Dabelow (1951) u.a. beschriebenen arterio-venösen Anastomosen in der Tunica propria mucosae des Hundes konnten beim vorliegenden Material nicht beobachtet werden (vgl. auch Kunze, 1969). Zur einwandfreien Charakterisierung der typischen arterio-venösen Anastomosen ist das Vorhandensein von drei Gefäßabschnitten erforderlich: ein arterieller, ein anastomotischer und ein venöser Schenkel. Diese Unterteilung konnte in keinem Fall innerhalb der Bindegewebspapille eindeutig nachgewiesen werden. Es ist aber durchaus nicht ausgeschlossen, daß vielleicht doch hier und da kurze Querverbindungen bestehen. Diese entsprechen jedoch nicht den arterio-venösen Anastomosen im eigentlichen Sinn des Wortes (Clara, 1927). Den Kurzschlüssen wird von mehreren Autoren eine wichtige Rolle bei der Wärmeregulation zugeschrieben (Grosser, 1902; Clara u.a.). Aber auch chemische Aufgaben und Regulation des Tastsinnes werden von den genannten Autoren diskutiert.

Ein spezifischer Regulationsmechanismus, der die Blutfülle der Papillen beeinflußt, konnte nicht gefunden werden. Man kann jedoch vermuten, daß sowohl die bei Nutria in die Bindegewebspapille einstrahlende quergestreifte Muskulatur, als auch die beobachtete Einengung des venösen Kapillaranteils vor dem Abfluß in das gemeinsame venöse Sammelbecken in der Tunica propria mucosae eine regulierende Funktion auf die Durchblutung innerhalb der Papille ausübt. Sowohl die Muskulatur als auch der Engpaß an der Basis der Papille könnten bei funktionsbedingten Formveränderungen der Zunge bei der Steuerung der Blutzufuhr und des venösen Abflusses regulierend eingreifen.

Ein Zusammenwirken zwischen den im Bereich des Nervenendplexus gelegenen Mitochondriensäcken, denen regulatorische Funktionen bei Temperaturschwankungen (s. später) zugeschrieben werden und dem Gefäßsystem kann im vorliegenden Material vermutet werden. Besonders im Bereich des Nervenendknäuels, wo Gefäße und Nervenendformationen nur durch schmale Bindegewebsbrücken getrennt sind, könnten beide Elemente durch Zusammenwirken im Sinne einer vasosensoriellen Funktionseinheit (Ortmann, 1955) durch Zirkulationsregulierung den Bereich um und unter den Geschmacksknospen thermisch über einen längeren Zeitraum nahe der Bluttemperatur halten. In diesem Zusammenhang könnte die bei allen untersuchten Tierformen beobachtete verstärkte Kapillarisierung im mittleren Papillendrittel und die damit verbundene Vergrößerung des Gesamtquerschnitts des Gefäßbaumes durch verbesserte Möglichkeiten bei der Variabilität unterstützend beitragen. Die Geschmacksknospen würden dann stets im gleichen thermischen Milieu funktionstüchtig bleiben.

D. Innervationsmodus

In der gesamten Ausdehnung der Bindegewebspapille der Papilla fungiformis von Ratte und Nutria kann licht- und elektronenoptisch im epithelnahen Bereich eine große Anzahl von Nervenfasern nachgewiesen werden. Im Bereich dieses subepithelialen Nervenendplexus zeigt sich häufig eine enge räumliche Beziehung der meist markfreien, polyaxonalen Nervenfasern mit den benachbarten Bindegewebselementen. Dies läßt vermuten, daß die Bindegewebszelle selbst möglicherweise in einer Wechselbeziehung zu den Nervenfasern steht. Es liegt der Gedanke nahe, den Nervenprofilen eine Beteiligung an der Aufnahme und Weiterleitung des Geschmacksreizes — aufgenommen von den im Epithel liegenden und von Bindegewebskelchen umgebenen Geschmacksknospen — zuzuerkennen.

Die Axone in den mono- oder polyaxonalen Endformationen enthalten Neurotubuli, Neurofilamente und Mitochondrien in unterschiedlicher Zahl und Verteilung. Daneben findet man in einzelnen Axonen, v.a. im Bereich von Gefäßen, leere Vesikel und solche mit elektronendichtem Inhalt (dense core vesicles). Letztere wurden von Grillo und Palay (1962) in 2 Gruppen eingeteilt: ,,small granular vesicles" (300—600 Å) und ,,large granular vesicles" (ca. 900 Å). Die kleinen granulären Bläschen scheinen charakteristisch für die ,,monamine neurons" zu sein (Hökfelt, 1971; Thoenen und Tranzer, 1971), während die großen granulären Bläschen nach Glutaraldehyd-OsO_4-Fixierung sowohl in ,,monamine"- als auch in ,,non-monamine neurons" anzutreffen sind. Die Herkunft der kleinen granulären Bläschen wird abgeleitet sowohl vom axonalen, glatten endoplasmatischen Retikulum (Machado, 1971), als auch von den Mitochondrien. Letztere These kommt den eigenen Beobachtungen am nächsten, da in den subepithelialen Nervenendstrukturen die vesikulären Strukturen innerhalb der Axone an Anzahl zunehmen, während die Mitochondrien in gleichem Maße abnehmen.

Elektronenoptisch können innerhalb der Geschmacksknospen der Papilla fungiformis der Ratte Nervenfasern nachgewiesen werden, die dicht gefüllt mit ,,small granular vesicles" sind. Diese Fasern dürften den adrenergen Fasern entsprechen, die Graziadei (1970), de Han und Graziadei (1971) und Reutter (1971) in den Geschmacksorganen mit der Fluoreszenzmethode nachgewiesen haben. Geerdink und Drukker (1973) dagegen fanden keine adrenergen Fasern innerhalb der Geschmacksknospen der Papilla vallata der Mäusezunge, wohl aber im Bindegewebsgrundstock der Papille. Gabella (1969) diskutiert einen direkten Einfluß der adrenergen Fasern auf die afferente Leitung von den Geschmacksknospen.

Intraepitheliale Axone. Intraepitheliale Axone, wie sie Kunze (1970) in der Papilla filiformis des Tigers und Böck (1971b) in der Papilla filiformis des Meerschweinchens beschrieben haben, kommen in der Papilla fungiformis bei den elektronenoptisch untersuchten Tierarten Ratte und Nutria in außergewöhnlich großer Anzahl vor. Besonders auffallend reich innerviert sind die basalen Epithellagen im oberen Papillendrittel. Fast jeder der Basalmembran angehefteten Epithelzelle liegen lateral oder basal Axonquerschnitte an. In Serienschnitten ist die Verlaufsrichtung einzelner Fasern bis ins Stratum spinosum zu beobachten. Dieser Reichtum an intraepithelialen Fasern scheint ein spezifisches Merkmal der Papilla fungiformis zu sein.

Die Nerven ziehen teils mit Ausläufer der Schwannschen Zellen assoziiert ins Epithel, teils trennen sie sich noch vor der Basalmembran von ihrer Hüllzelle und ziehen „nackt" ins Epithel, wobei ihre Basalmembran mit der des Epithels verschmilzt. Dort übernehmen dann die Epithelzellen morphologisch die Funktion der Schwannschen Zellen und bilden mesaxonähnliche Umhüllungen.

Ob die Epithelzellen die Funktion der Schwannschen Zellen bei der Reizleitung und Ernährung der Axone übernehmen und dieser Komplex Neurit-Epithelzelle als Neuroeffektorgebiet im Sinne von Walter (1961) und Kunze (1969) angesehen werden kann, bedarf weiterer Klärung.

Man kann sowohl mitochondrienhaltige als auch bläschenhaltige Axone intraepithelial unterscheiden. Erstere lassen sich nur in seltenen Fällen in höheren Epithelzellagen nachweisen und sie scheinen, was ihre Funktion anbelangt, hauptsächlich der Rezeption von Temperaturschwankungen zu dienen (s. auch Mitochondriensäcke). Cauna u.Mitarb. (1969) sehen in den frei im Interzellularraum liegenden Axonen der Nasenschleimhaut wegen der großen Berührungsfläche mit der interzellulären Flüssigkeit Chemo- oder Thermorezeptoren. Die gleiche Meinung vertreten Andres und v. Düring (1973), die in ihrer Arbeit über die Morphologie der Hautrezeptoren die intraepithelialen Nervenfasern als Thermorezeptoren interpretieren und gleichzeitig die klassischen thermosensitiven Strukturen, wie Krausesche Endkolben und die Ruffinischen Körperchen in dieser Funktion in Frage stellen. Nach der Meinung von Andres und v. Düring agieren nicht nur die Nervenfasern zwischen Basalmembran und Basalzellbasis, sondern auch die in höheren Epithelschichten als Thermorezeptoren. Die entsprechenden afferenten Nervenfasern verlieren schon charakteristisch früh ihre Myelinscheide und ihre intraepithelialen Endigungen besitzen eine spezifische Rezeptormatrix mit kleinen Vesikeln und Anhäufungen mit Mitochondrien. Diese Befunde decken sich mit den vorliegenden Untersuchungen. Bezüglich der funktionellen Möglichkeiten der intraepithelialen Nervenfasern konnte auch Späth (1973) feststellen, daß die freien Nervenendigungen in der Haut der Fische sowohl auf mechanische als auch auf thermische Reize reagieren. Rein mechanorezeptorische Fähigkeiten vermutet Brettschneider (1973) bei intraepithelialen Axonen in der Trachealwand. Cauna (1969, 1973) lehnt diese mechanorezeptorischen Eigenschaften tief im Epithel gelegener Axone wegen der geschützten Lage ab.

Den bläschenhaltigen Axonen wird auch eine bestimmte Funktion bei der Schmerz- und Berührungsempfindung zugeordnet. Wenn man diese Bläschen auch nicht mit Sicherheit aufgrund ihres Aussehens allein als Acetylcholinspeicher interpretieren kann, so ist dies doch wahrscheinlich und könnte gut gedeutet werden: Acetylcholin kann die Reizschwelle für Schmerz und mechanische Empfindung in der Haut herabsetzen. Dies würde den Befunden von Matsuda (1968) bei seiner Arbeit über Nervenfasern in der Cornea entsprechen.

Mitochondriensäcke. Im oberen Papillenbereich konnten unabhängig von den Geschmacksknospen zwischen diesen und dem Epithel mitochondrienhaltige Axonanschwellungen gefunden werden, die als Mitochondriensäcke in der Literatur sowohl intraepithelial (Munger, 1965; Matsuda, 1968; Böck, 1971a, b) als auch im Bindegewebe gelegen (Kolb *et al.*, 1967; Plenk, jr. u. Raab, 1970; Chiba u. Yamauchi, 1970 u.a.) beschrieben wurden. Morphologische Besonderheiten gegenüber diesen bereits beschriebenen Mitochondriensäcken konnten im untersuchten Material nicht beobachtet werden. In allen Veröffentlichungen werden in Zusammenhang mit den mitochondrienhaltigen Axonanschwellungen rezeptorische Funktionen diskutiert. Hinweise dafür werden in der jeweiligen Lokalisation und der morphologischen Auffälligkeit gesehen.

Die Mitochondriensäcke können sowohl in Zusammenhang mit organhaften Nervenendformationen (Poláček u. Mazanec, 1966; Murray *et al.*, 1969 u.a.) als auch eigenständig im Bindegewebe gelegen beobachtet werden. Kolb *et al.* (1967) halten letztere wegen ihrer engen nachbarschaftlichen Beziehungen zum Bindegewebe und dessen Strukturen für Mechano- bzw. Chemorezeptoren. Hensel (1966) weist bei seiner elektrophysiologischen Untersuchung des Zungenrückens darauf hin, daß in bestimmten Bereichen unterhalb des Epithels des Zungenrückens die Rezeption von Temperaturschwankungen lokalisiert ist. Diese Abschnitte fallen räumlich ziemlich genau mit der Lokalisation von Mitochondriensäcken zusammen. Eine thermisch-regulatorische Funktion für die Mitochondriensäcke kann vermutet werden, wenn man die Lokalisation dieser Endstrukturen betrachtet: sie liegen ringförmig angeordnet, gehäuft unter dem Epithel im Bindegewebskelch, der die Geschmacksknospe einschließt. Dort könnten sie zusammen mit den Gefäßen die Temperaturschwankungen, denen der Zungenrücken ständig ausgesetzt ist, regulieren und somit für gleichbleibende Temperaturverhältnisse im Bereich der Geschmacksknospen sorgen. Dies deckt sich mit den Befunden von Rein (1925b) und Strughold (1925), die bei ihren vergleichend anatomisch-physiologischen Untersuchungen feststellten, daß die Kalt- und Warmempfindung der Zunge fast vollständig auf die Papillae fungiformes beschränkt ist. Eine mögliche Mechanorezeption, wie sie bisher nur für die Mitochondrienansammlung innerhalb der Vater-Pacinischen Körperchen (Loewenstein u. Rathkamp, 1958) physiologisch bewiesen ist, kann jedoch auch nicht ausgeschlossen werden. Weiterhin ist der Reichtum an freien Nervenfasern im subepithelialen Bindegewebe mit zu berücksichtigen. Auf jeden Fall stellen die auffallenden Ansammlungen von Mitochondrien einen Hinweis auf einen sehr großen Energieumsatz dar.

Böck (1971a) berichtet über eine große Anzahl von Pinozytosebläschen in der Peripherie des Axonverlaufes und in den Zytoplasmaausläufern der Schwannschen Zelle, die von Cauna (1966, 1968) bei sensorischen Nerven der menschlichen Haut als typisch beschrieben werden. Die gleichen Befunde liegen beim untersuchten Material ebenfalls vor.

Die mitochondrienhaltigen Nervenendformationen zeigen bezüglich ihrer Umhüllung mit den Lamellen der Schwannschen Zellen gewisse Unterschiede. Einzelne Mitochondriensäcke zeigen eine nur ein- oder zweischichtige, meist unvollständige Ummantelung und ähneln in ihrer Struktur den Terminalfasern im Sinushaar der Katze (Andres, 1966), den kolbigen Nervenauftreibungen in der Pulmonalisklappe des Menschen (Kolb *et al.*, 1967) oder entfernt den einfachen lamellierten Endigungen, die im Rattenpenis (Patrizi u. Munger, 1965) und im Sohlenballen von Tupaia (Andres, 1969) gefunden wurden. Andere Mitochondriensäcke dagegen sind von mehreren Lagen Schwannscher Zellausläufer umgeben und leiten, wenn sie mit anderen mitochondrienhaltigen Axonanschwellungen zusammenliegen, zu höher differenzierten Nervenendkörperchen über.

Auffällig war, daß die Mitochondriensäcke teilweise unvollständig von den Plasmalamellen der Schwannschen Zellen umhüllt sind und damit genau wie bei den freien Nervenendigungen von den anliegenden Bindegewebsstrukturen nur durch das Axolemm begrenzt werden. Diese Endigungsabschnitte, die an offenen Stellen der Schwannzellhülle die Basalmembran berühren oder mit Ausläufern frei in den benachbarten Bindegewebsraum eindringen, zeigen eine matrixartige Strukturverdichtung der Außenzone. In dieser Rezeptormatrix (Andres, 1969) befinden sich zahlreiche leere Bläschen und vereinzelt membranbegrenzte Granula.

Diese charakteristische Axoplasmaformation kann als ein Kriterium für die Diagnose sensibler Endigungen gelten. Wahrscheinlich befindet sich in diesen Strukturen ein morphologisches Substrat, in dem Stoffwechselvorgänge direkt oder indirekt die Erregungsbildung an der Axoplasmamembran substituieren oder modulieren (Andres, 1969). Man kann in diesem Fall eine Abgabe von Transmitterstoffen in den Interzellularraum bzw. das Milieu des Bindegewebes annehmen (Jabonero, 1968), die an mehreren Stellen eines Axons möglich ist und nicht nur auf das Ende des Nervenzellfortsatzes beschränkt ist (Jabonero, 1965).

Lamellär differenziertes Körperchen. In der Literatur wird eine Vielzahl sensibler Nervenendkörperchen licht- und elektronenoptisch in den verschiedensten Organen und Geweben beschrieben. Zum Teil werden sie nach ihren Entdeckern (z.B. Vater-Pacini; Meissner; Krause), zum Teil nach der jeweiligen Lokalisation (z.B. Genitalkörperchen) und schließlich nach der rezeptorischen Funktion (z.B. Mechanorezeptoren) benannt. Eine einheitliche Klassifizierung, sei es der Mechanorezeptoren (Poláček, 1969b; Andres, 1969) oder der Wärme- bzw. Kälterezeptoren ist bis heute noch nicht gegeben und bedarf noch in vielen Fragen einer Unterstützung durch die Elektronenmikroskopie.

Zu den am besten untersuchten sensiblen Terminalelementen — bedingt durch die Größe und der damit schon lichtoptisch eindeutig definierten Struktur, sowie der typischen Lokalisation — gehören die Vater-Pacinischen Körperchen (Pease u. Quilliam, 1957; Poláček u. Mazanec, 1966; Chouchkov, 1971 u.a.), die Meissnerschen Körperchen (Cauna u. Ross, 1960; Chouchkov, 1973), die Herbst- und Grandryschen Körperchen (Saxod, 1968; Poláček, 1969a; Halata, 1972b), sowie die Genitalkörperchen (Patrizi u. Munger, 1965; Poláček u. Malinovský, 1971).

In der Morphologie des Aufbaues sind allen Körperchen spezifische Merkmale gemein: das mit Mitochondrien und Neurofilamenten gefüllte Axon, Schwannsche Zellen, deren lamellär ausgerichteten Plasmaausläufer um die einzelnen Axone in verschiedenen Organisationsformen angeordnet sind und die mehr oder weniger deutlich ausgeprägte Kapsel. Die Unterschiede bezüglich der Ausdifferenzierung der Axone, der Zahl und Anordnung der Schwannzellamellen und der Art der Kapsel, die zwischen den einzelnen spezifizierten Körperchen und dem vorliegenden Material bestehen, sollen Grundlage der Diskussion sein.

Axone. Innerhalb der Neuriten des beschriebenen Nervenendkörperchens befinden sich zahlreiche Mitochondrien, die sich an der Basis des Körperchens mehr an der Peripherie des Axonquerschnitts in kreisförmiger Anordnung befinden und im oberen Anteil ungerichtet das Axoplasma fast vollständig ausfüllen. Dieser Mitochondrienreichtum wird in allen Nervenendformationen beschrieben (Poláček u. Malinovský, 1971; Chouchkov, 1973 u.a.). In allen Axonen sind ungerichtet verlaufende Neurofilamente, sowie leere und elektronendichte Vesikel in unterschiedlicher Zahl und Verteilung nachweisbar. Vermehrt finden sich diese Vesikel in den fingerförmigen Axoplasmaausstülpungen. Diese vesikelhaltigen Protrusionen sind Axolemmkontaktzonen, die mit mehreren Schwannzellausläufern in Verbindung stehen. Im untersuchten Nervenendkörperchen beträgt die Zahl der Ausläufer auf jeder Seite 2—4, was für die Erregungsleitung und Übertragung sicherlich eine nicht unwesentliche Rolle spielt, wenn man z.B. die Ausdifferenzierung der Lamellensysteme bzw. die Zahl der Lamellen und die Länge der Protrusionen beim Vater-Pacinischen Körperchen vergleichend betrachtet.

Auffällig ist die Ansammlung kleinerer Axone in einem Teil des Nervenendorganes. Diese kleinkalibrigen Fasern könnten aufgrund ihrer Morphologie und Lokalisation vom funktionellen Aspekt her von Bedeutung sein, d.h., als Hinweis für die Rezeption und Leitung verschiedener Reize innerhalb eines Körperchens.

Aufgrund der fehlenden synaptischen Membrandifferenzierung und der Anhäufung von Mitochondrien und Vesikeln innerhalb der Axone wird ein gemeinsamer Aktionsmechanismus in der Transduktion von Reizen — entweder chemisch oder mechanisch — in elektrische Erregung mittels Ionenfluß durch das Axolemm diskutiert (Kobayashi u. Uehara, 1970; Chouchkov, 1973 u.a.). Es wird vermutet, daß die Bereiche des Axolemms, die in direkter Beziehung zur Interzellularsubstanz stehen, im höchsten Grade bei mechanischer Reizung beteiligt sind.

Myelinisierte Axone, wie sie z.T. in den komplizierten knäuelartigen Rezeptoren des Genitaltraktes des Menschen vorkommen (Poláček u. Malinovský, 1971), werden im vorliegenden Nervenendkomplex nicht beobachtet. Vor Eintritt in das Körperchen kommt es zum Verlust der Myelinscheide, d.h., man beobachtet solche markhaltigen Neuriten meist in der näheren Umgebung oder an der Peripherie dieser Endstrukturen.

Schwannsche Zelle. Im vorliegenden Endkörperchen ist die Zahl der flachen Lamellen der Schwannschen Zellen um die einzelnen Axone im Gegensatz zu den Befunden bei den Mitochondriensäcken sehr viel höher. Eine Schwannsche Zelle beteiligt sich an der Ummantelung mehrerer Axone. Die dicht gepackten Lamellen sind nicht symmetrisch bilateral angeordnet wie beim Vater-Pacinischen Körperchen (Pease u. Quilliam, 1957; Chouchkov, 1971), wo zwei gegenüberliegende, unabhängige Lamellensysteme semizirkulär den Innenkolben ummanteln oder wie beim Herbstschen Körperchen, wo gegenüberliegende, ineinandergeschobene Lamellen das Axon konzentrisch umgeben.

Die Zellplatten liegen nicht einheitlich dicht übereinandergeschichtet. Einzelne Lagen sind durch einen schmalen Spalt ohne Basalmembran und endoneurales Bindegewebe von einzelnen Desmosomen überbrückt, während andere durch Kollagenfasern größere Abstände zu den benachbarten Ausläufern aufweisen. In diesem Zusammenhang werden sowohl mechanische — ähnlich den Kontaktzonen zwischen den Epithelzellen — als auch Überträgerfunktionen, die sich im molekularen Bereich abspielen (Steiger, 1967; Kunze, 1969), diskutiert.

Die Oberfläche der Schwannzellausläufer zeigt eine ausgeprägte Membranvesikulation und Membraninvagination. Diese Vesikel (Pinozytosebläschen), die auch in einigen Abschnitten der Kapsel beobachtet werden, könnten ein ultrastrukturelles Korrelat für eine Transportfunktion von Metaboliten und Ionen durch die Zellmembran bilden. Cravioto (1966) weist auf Ähnlichkeiten mit den in Gefäßendothelien beobachteten Bläschen hin. Eindeutige Angaben darüber lassen sich aber nicht machen, weil man bis heute keine sicheren histochemischen und biochemischen Daten über ihren Inhalt hat.

Kapsel. Die periphere Abgrenzung des beschriebenen Körperchens wird von langgestreckten Zellen gebildet, die über Ausläufer untereinander Kontakt haben und somit fast eine geschlossene Zellage um das Körperchen darstellen. Dies entspricht etwa den Verhältnissen beim Meissnerschen Körperchen und den einfachen Genitalkörperchen. Bei den lamellär differenzierten Körperchen in der Papilla filiformis des Menschen (Kunze, 1969) kommen peripher der Kapsel noch elastische Fasern und ein Kranz weitlumiger Gefäße vor, die bei Nutria nicht zu beobachten sind. Bei den in der Literatur beschriebenen verschiedenen sensiblen Endformationen wird eine unterschiedliche Herkunft der Kapsel diskutiert. Andres (1966) und Quilliam (1966) sehen in der Kapsel eine Weiterführung der Perineuralscheide, auch bei den einfachen lamellierten Rezeptoren und bei den kleinen Golgi-Mazzonischen Körperchen. Poláček und Malinovský (1971) dagegen berichten von Fibrozyten, die die einfachen Knäuelrezeptoren mehr oder weniger dicht mit ihren Ausläufern ummanteln. In ihrer Veröffentlichung über die Beschaffenheit des Perineuriums vegetativer Nerven schreiben Kerjaschki u. Stockinger (1970), daß nach der Endigung des Perineuriums abgeplattete Bindegewebszellfortsätze den Nerven in seinem Verlauf schalenartig ummanteln. Im Gegensatz zum Perineurium ist diese Hülle jedoch lückenhaft. Nur an sagittalen Dünnschnittserien ließe sich eindeutig klären, ob die Perineuralscheide die Körperchen ummantelt, oder ob Fibrozyten morphologisch die Lokalisation der Perineuralscheiden übernehmen und schließlich, ob die Differenzierung des Körperchens hiermit in Zusammenhang steht.

Die Aufgabe der perineuralen Kapsel dürfte wie bei der Perineuralscheide (Sunderland, 1952) neben dem mechanischen Schutz die Aufrechterhaltung einer wirkungsvollen Diffusionsbarriere zwischen epi- und endoneuralem Bindegewebsmilieu sein.

Durch den Nachweis des besonderen Reichtums an intraepithelialen Nervenfasern, Mitochondriensäcken und lamellär differenzierten Körperchen innerhalb der Papilla fungiformis bei Ratte und Nutria muß diesen Papillen, im Gegensatz zu den meisten Veröffentlichungen, die den Papillae fungiformes eine reine Geschmacksfunktion zuschreiben, eine komplexe rezeptorische Funktion zuerkannt werden. Die beschriebenen Papillen nehmen eine Zwischenstellung zwischen den Fadenpapillen — Rezeptoren, aber keine Geschmacksknospen — und den Papillae vallatae — Geschmacksknospen, aber keine Rezeptoren — ein. Somit kommt den Papillae fungiformes neben der Geschmacksfunktion eine regulatorische Funktion bei Temperaturschwankungen, sowie bei Schmerz- und Berührungsempfindung zu.

Zusammenfassung

Die Papillae fungiformes einiger Nagetiere wurden rasterelektronenmikroskopisch, licht- und elektronenoptisch untersucht:

1. Die Papillae fungiformes haben runde bis längsovale Form und liegen vornehmlich im vorderen Zungendrittel im Niveau der Zungenoberfläche.

a) Geschmacksporen liegen entweder in trichterförmigen Vertiefungen oder auf kegelförmigen Erhebungen der Papillenoberfläche.

b) Erstmals lassen sich Sekundärpapillen als spezifische Strukturelemente der Papille nachweisen.

2. Die Form der Bindegewebspapillen variiert bei den untersuchten nahe verwandten Tierarten und weicht von der meist beschriebenen Pilzform erheblich ab.

3. Die Gefäßarchitektur einer Papilla fungiformis der Ratte wurde rekonstruiert und Unterschiede zu den Beobachtungen an der Hundezunge und an den Fadenpapillen des Menschen wurden dargestellt.

Ein Zusammenwirken zwischen Gefäßen und Nervenendstrukturen bei der Zirkulationsregulierung und Aufrechterhaltung eines gleichbleibenden thermischen Milieus wird vermutet.

4. Vergleichende Untersuchungen an der Papilla fungiformis des Wasserschweins weisen auf einen Zusammenhang zwischen der Körpergröße des Tieres und der Ausdifferenzierung der Papillen hin. Mit zunehmender Körper- und Organgröße der Tiere geht eine Gesamtvergrößerung der Papillen mit zusätzlichen funktionellen Einrichtungen einher.

5. Ein Schwerpunkt der Arbeit galt der Untersuchung des Innervationsmodus der Papilla fungiformis:

a) Intraepitheliale Axone liegen in außergewöhnlich großer Zahl im oberen Drittel der Bindegewebspapille vor.

b) Nervenendformationen in Form von Mitochondriensäcken und lamellär differenzierten Körperchen werden beschrieben.

c) Aufgrund der Vielfalt der Nervenendigungen wird den Papillae fungiformes außer der Geschmacksfunktion eine regulatorische Funktion bei Temperaturschwankungen sowie bei Schmerz und Berührungsempfindung zugeschrieben.

Summary

The papillae fungiformes of some rodents were examined by means of scanning electron microscopy, light and electron microscopy.

1. The papillae fungiformes are round or elongated oval in shape and are found mainly on the front third of the tongue, flush with the tongue surface.

a) Taste pores are found either in funnel shaped deepenings or in cove shaped buds on the surface of the papilla.

b) For the first time secondary papillae are described as specific structure elements of the papilla.

2. There were considerable differences in the shape of the connective-tissue papillae in the related rodents which were examined, and if differs fundamentally from the conventionally described mushroom shape.

3. The blood vessel system of a rat's papilla fungiformis was reconstructed and differences were noted between the papilla fungiformis of a dog's tongue and the papilla filiformis of a human being.

It is suggested that a connection exists between blood vessels and nerve endings in the regulation of the circulation and the maintenance of a constant temperature.

4. Comparative examination of the papilla fungiformis of a hydrochoerus indicate a connection between the size of the animal and the size and shape of the papilla. The greater the size of the animal and its organs brings with it a general corresponding increase in the size of the papillae with additional functional capabilities.

5. The investigation was concentrated especially on the mode of innervation of the papilla fungiformis:

a) Intraepithelial axons are to be found in unusually large numbers in the upper third of the connective-tissue papilla.

b) Nerve endings in form of sacs, filled with mitochondria and laminar differentiated corpuscles are described.

c) Because of the abundance of nerve endings, not only does the papilla fungiformis act as a taste organ, but also has a regulatory function concerning temperature changes and sensivity to pain and touch.

Danksagung

Die Autoren danken Herrn Prof. Dr. R. Ortmann für die Überlassung des Themas, Frau Dr. K. Gorgas für die mannigfachen Anregungen und Unterstützung, Frau A. Ihmer für die technische Hilfe.

Literatur

Andres, K. H.: Der Feinbau des Bulbus olfactorius der Ratte unter besonderer Berücksichtigung der synaptischen Verbindungen. Z. Zellforsch. **65**, 530—561 (1965)

Andres, K. H.: Über die Feinstruktur der Rezeptoren an Sinneshaaren. Z. Zellforsch. **75**, 338—365 (1966)

Andres, K. H.: Zur Ultrastruktur verschiedener Mechanorezeptoren von höheren Wirbeltieren. Anat. Anz. **124**, 551—565 (1969)

Andres, K. H.: Morphologische Kriterien für die Erkennung von Mechanorezeptoren bei Wirbeltieren. Sonderforschungsbereich „Bionach". Symp. „Mechanoreception": Bochum 14.—18. 10. 1973, Seite 1—2. Kurzfassung des Vortrages

Andres, K. H., Düring, M. von: Morphology of cutaneous receptors. In: Autrum, H., R. Jung, eds. Hd. Sens. Physiol. Vol. II, p. 3—28. Berlin-Heidelberg-New York: Springer 1973

Barker, D. S.: The vascular response to mild thermal injury to the rat tongue. Arch. oral Biol. **13**, 979—986 (1968)

Beckers, H. W.: Zur Morphologie der Papilla fungiformis einiger Primaten. 1974 (im Druck)

Beidler, L. M.: Properties of chemoreceptors of tongue of rat. J. Neurophysiol. **16**, 595—607 (1953)

Beidler, L. M.: Innervation of rat fungiform papilla. In: Pfaffmann, C. ed.: Olfaction and Taste III. P. 352—369. New York: Rockefeller Univ. Press 1969

Békésy, G. von: Taste theories and the chemical stimulation of single papillae. J. appl. Physiol. **21**, 1—9 (1966)

Blümke, S., Morgenroth, K. jun.: Zur Feinstruktur und Oberflächendarstellung der Cornea-epithelien. Verh. anat. Ges. (Basel) **120**, 65—68 (1967)

Böck, P.: Elektronenoptische Untersuchungen zur Innervation des Glomus caroticum beim Menschen. Z. mikr.-anat. Forsch. **82**, 461—476 (1970)

Böck, P.: Die Nerven der Papilla filiformis der Zunge vom Meerschweinchen. Arch. histol. jap. **32**, 399—411 (1971a)

Böck, P.: Demonstration intraepithelialer Axone in der Papilla filiformis des Meerschweinchens. Acta anat. (Basel) **79**, 225—238 (1971b)

Boeke, J.: Nerve endings, motor and sensory. In: Penfield, W. S., ed.: Cytology and Cellular Pathology of Nervous System. P. 241—315. New York: P. B. Hoeber Inc. 1932

Brettschneider, H.: Über die Endigungsweise peripherer vegetativer Nervenfasern. Z. Zellforsch. **51**, 444—455 (1960)

Brettschneider, H.: Ultrastruktur der visceralen Rezeptoren und afferenten Nerven. Acta neuroveg. (Wien) **28**, 37—102 (1966)

Brettschneider, H.: Feinere Morphologie von Mechanorezeptoren aus der Wand der Rattentrachea. Sonderforschungsbereich „Bionach". Symp. „Mechanoreception": Bochum 14.—18. 10. 1973, Seite 2—5. Kurzfassung des Vortrages

Brown, E. M.: The occurence of arterio-venous anastomoses in the tongue of the dog. Anat. Rec. **69**, 287—299 (1937)

Cane, A. K., Spearman, I. C.: The keratinized epithelium of the house mouse (Mus musculus) tongue: its structure and histochemistry. Arch. oral Biol. **14**, 829—841 (1969)

Cauna, N.: Nerve supply and nerve endings in Meissner's corpuscles. Amer. J. Anat. **99**, 315—350 (1956)

Cauna, N.: Cholinesterase activity in the somatic and autonomic nerve supply of the skin. Ann. Histochim. 8, 75—84 (1963)

Cauna, N.: The fine structure of the receptor organs and its probable functional significance. In: Reuck, A. V. S. de, J. Knight, eds.: Touch, Heat and Pain. P. 117—136. London: J. and A. Churchill LTD 1966

Cauna, N.: Light and electron microscopical structure of sensory end organs in human skin. In: Kenshalo, D. R., ed. The Skin Senses. P. 15—37. Springfield: C. C. Thomas 1968

Cauna, N.: The fine morphology of the sensory receptor organs in the auricle of the rat. J. comp. Neurol. **136**, 81—98 (1969)

Cauna, N.: The free penicillate nerve endings of the human hairy skin. J. Anat. **115**, 277—288 (1973)

Cauna, N., Hinderer, K. H., Wentges, R. T.: Sensory receptor organs of the human nasal respiratory mucosa. Amer. J. Anat. **124**, 187—210 (1969)

Cauna, N., Mannan, G.: The structure of human digital Pacinian corpuscles and its functional significance. J. Anat. **92**, 1—20 (1958)

Cauna, N., Ross, L.: The fine structure of Meissner's touch corpuscles of human fingers. J. biophys. biochem. Cytol. 8, 467—481 (1960)

Chiba, T., Yamauchi, A.: On the fine structure of the nerve terminals in the human myocardium. Z. Zellforsch. **108**, 324—338 (1970)

Chouchkov, Ch. N.: Ultrastructure of Pacinian corpuscles in men and cats. Z. mikr.-anat. Forsch. **83**, 17—22 (1971a)

Chouchkov, Ch. N.: Ultrastructure of Pacinian corpuscles in men and cats. Z. mikr.-anat. Forsch. **83**, 33—46 (1971b)

Chouchkov, Ch. N.: Further observations of the fine structure of Meissner's corpuscles in human digital skin and rectum. Z. mikr.-anat. Forsch. **87**, 33—45 (1973a)

Chouchkov, Ch. N.: The fine structure of small encapsulated receptors in human digital glabrous skin. J. Anat. **114**, 25—33 (1973b)

Clara, M.: Die arterio-venösen Anastomosen der Vögel und Säugetiere. Ergebn. Anat. Entwickl.-Gesch. **27**, 246—301 (1927)

Clyde, D., Marlow, R., Winkelmann, K., Gibilisco, J. A.: General sensory innervation of the human tongue. Anat. Rec. **152**, 503—513 (1965)

Cravioto, H.: The perineurium as a diffusion barrier—ultrastructural correlates. Bull. Los Angeles neurol. Soc. **31**, 196—208 (1966)

Dabelow, G.: Vorstudien zu einer Betrachtung der Zunge als funktionelles System I. Die Gefäßversorgung der Zungenpapillen und die vorgeschalteten arteriovenösen Anastomosen. Morph. Jb. **91**, 1—32 (1951)

Dabelow, R.: Vorstudien zu einer Betrachtung der Zunge als funktionelles System II. Die Muskulatur und ihre bindegewebigen Insertionen. Morph. Jb. **91**, 33—76 (1951)

Dixon, A. D.: Sensory nerve terminations in the oral mucosa. Arch. oral. Biol. **5**, 105—114 (1961)

Dixon, A. D.: Fine structure of sensory nerve terminals in the hard palate. J. Cell Biol. **27**, 133A (1965)

Dogiel, A. S.: Über die Nervenendapparate in der Haut des Menschen. Z. wiss. Zool. **75**, 46—111 (1903)

Dombrowski, P., Götze, W.: Biomikroskopische Untersuchungen der Mundschleimhaut zuckerkranker und gesunder Kinder und Jugendlicher. Zahnärztl. Welt **82**, 516—520 (1973)

Dontenwill, W.: Die funktionelle Morphologie der Tunica propria linguae beim Menschen. Acta anat. (Basel) **8**, 156—167 (1949)

Dubreuil, G.: Les dispositifs vaso-sensoriels de quelques mammifères. c.R. Ass. Anat. **26**, 179—188 (1931)

Düring, M. von: The Ultrastructure of Lamellated Mechanoreceptors in the Skin of Reptiles. Z. Anat. Entwickl.-Gesch. **143**, 81—94 (1973)

Elfvin, L.-G.: The ultrastructure of unmyelinated fibers in the splenic nerve of the cat. J. Ultrastruct. Res. **1**, 428—454 (1958)

Elfvin, L.-G.: Electron-microscopic investigation of filament structures in unmyelinated fibers of cat splenic nerve. J. Ultrastruct. Res. **5**, 51—64 (1961)

Ellis, R. A.: Cholinesterase in mammalian tongue. J. Histochem. Cytochem. **7**, 156—163 (1959a)

Ellis, R. A.: Circulatory patterns in the papillae of the mammalian tongue. Anat. Rec. **133**, 579—592 (1959b)

Farbman, A. J.: Electron microscope study of the developing taste bud in rat fungiform papilla. Develop. Biol. **11**, 110—135 (1965a)

Farbman, A. J.: Fine structure of the taste bud. J. Ultrastruct. Res. **12**, 328—350 (1965b)

Farquhar, M. G., Palade, G. E.: Functional complexes in various epithelia. J. Cell Biol. **17**, 375—412 (1963)

Fish, H. S., Malone, P. D., Richter, C. P.: The anatomy of the tongue of the domestic Norway rat. Anat. Rec. **89**, 429—440 (1944)

Fitzgerald, M. J. T.: The innervation of the epidermis. In: Kenshalo, D. R., ed.: The Skin Senses, **68**. P. 61—81. Springfield: C. C. Thomas 1968

Fjällbrant, N., Iggo, A.: The effect of histamine, 5-hydroxy-tryptamine and acetylcholine on cutaneous afferent fibres. J. Physiol. (London) **156**, 578—590 (1961)

Fromme, H. G., Pfautsch, M., Pfefferkorn, G., Bystricky, V.: Die „Kritische Punkt"-Trocknung als Präparationsmethode für die Raster-Elektronenmikroskopie. Microscopica Acta **73**, 29—37 (1972)

Fujita, T.: Observation of living body sample (rabbit tongue and appendix) through scanning electron microscope. JEOL (Japan Electron Optics Laboratory), S. 4—5 (April 1969)

Gabella, G.: Taste buds and adrenergic fibres. J. neurol. Sci. **9**, 237—242 (1969)

Gansler, H.: Phasenkontrast- und elektronenmikroskopische Untersuchungen zur Innervation der glatten Muskulatur. Acta neuroveg. (Wien) **22**, 192—211 (1961)

Geerdink, H. G., Drukker, J.: Uptake of L-dopa by cells in the taste buds of the vallate papilla of the mouse. Histochemie **36**, 219—223 (1973)

Gieseking, R.: Submikroskopische Strukturunterschiede zwischen Histiocyten und Fibroblasten. Beitr. path. Anat. **128**, 259—282 (1963)

Gray, E. G., Guillery, R. W.: Synaptic morphology in normal and degenerating nervous system. Int. Rev. Cytol. **19**, 111—182 (1966)

Gray, E. G., Watkins, K. G.: Electron microscopy of taste buds of the rat. Z. Zellforsch. **66**, 583—595 (1965)

Graziadei, P. P. C.: The ultrastructure of vertebrate taste buds. In: Pfaffmann, C., ed.: Olfaction and Taste. P. 315—330. New York: Rockefeller University Press 1969

Graziadei, P. P. C.: The ultrastructure of taste buds in mammals. In: Bosma, J. F., ed.: Oral Sensation and Perception. 2nd Symp., Chapter 1. Springfield: C. C. Thomas 1970

Graziadei, P. P. C., Han, R. S. de: The ultrastructure of frogs' taste organs. Acta anat. (Basel) **80**, 563—603 (1971)

Grillo, M. A.: Electron microscopy of sympathetic tissues. Pharmacol. Rev. 18, 387—399 (1966)

Grillo, M. A., Palay, S. L.: Granule containing vesicles in the autonomic nervous system. Proc. 5th int. Congress Electron Microscopy vol. 2, p. U-1 (1962)

Grosser, O.: Über arterio-venöse Anastomosen an den Extremitätenenden beim Menschen und den krallentragenden Säugetieren. Arch. mikrosk. Anat. (Berlin) **60** (1902)

Hagen, E.: Zur Ultrastruktur des Nervensystems in der Haut. Verh. anat. Ges. (Jena) **61**, 277—288 (1967)

Halata, Z.: Innervation der unbehaarten Nasenhaut des Maulwurfs (Talpa europaea). I. Intraepitheliale Nervenendigungen. Z. Zellforsch. **125**, 108—120 (1972a)

Halata, Z.: Innervation der unbehaarten Nasenhaut des Maulwurfs (Talpa europaea). II. Innervation der Dermis (einfache eingekapselte Körperchen). Z. Zellforsch. **125**, 121—131 (1972b)

Han, R. de, Graziadei, P. P. C.: Functional anatomy of frog's taste organs. Experientia **27**, 823—825 (1971)

Henkin, R. J., Graziadei, P. P. C., Bradley, D. F.: The molecular basis of taste and its disorders. Ann. intern. Med. **71**, 791—821 (1970)

Hennig, G.: Die Nervenendigungen der Rattenmuskelspindel im elektronen- und phasenkontrastmikroskopischen Bild. Z. Zellforsch. **96**, 275—294 (1969)

Hensel, H.: Spezifische und unspezifische Rezeptorfunktion peripherer Nervenendigungen. Pflügers Arch. ges. Physiol. **273**, 543—561 (1961)

Hensel, H.: Allgemeine Sinnesphysiologie: Hautsinne, Geschmack, Geruch. Berlin-Heidelberg-New York: Springer 1966

Hökfelt, T.: Ultrastructural localization of intraneuronal monamines. Some aspects on methodology. In: Eränkö, O., ed.: Histochemistry of nervous transmission. Progress in Brain Research, **34**. P. 213—222. Amsterdam etc.: Elsevier Publ. Comp. 1971

Iggo, A.: Cutaneous thermoreceptors in primates and subprimates. J. Physiol. (London) **200**, 403—430 (1969)

Illyinski, O. B., Volkova, N. K., Cherepnov, V. L.: On the structure and function of Pacinian corpuscles. Sechenov physiol. J.U.S.S.R. **54**, 295—302 (1968)

Jabonero, V.: Der anatomische Aufbau des peripheren neurovegetativen Systems. Acta neuroveg. (Wien) **4**, 1—159 (1953)

Jabonero, V.: Beobachtungen über die feinere Innervation der Nickhaut. Z. mikr.-anat. Forsch. **78**, 511—556 (1968)

Jabonero, V., Martinez, R., Marin Giron, F., Jabonero, R. M.: Studien über die Synapsen des peripheren vegetativen Nervensystems. V. Weitere Beobachtungen über die Endapparate postganglionärer Nervenfasern. Z. mikr.-anat. Forsch. **73**, 96—116 (1965)

Jarrett, A. S.: The effect of acetylcholine on touch receptors in frog's skin. J. Physiol. (London) **133**, 243—254 (1956)

Kantner, M.: Die Sensibilität der Katzenzunge. Eine vergleichend anatomisch-physiologische Betrachtung nach neuen morphologischen Ergebnissen. Acta neuroveg. (Wien) **15**, 223—234 (1957)

Karlsson, U., Andersson-Cedergren, E., Ottoson, D.: Cellular organization of the frog muscle spindle as revealed by serial sections for electron microscopy. J. Ultrastruct. Res. **14**, 1—35 (1966)

Kellner, G.: Über ein vaskularisiertes Nervenendkörperchen vom Typ der Krauseschen Endorgane. Z. mikr.-anat. Forsch. **75**, 130—144 (1966)

Kerjaschki, D., Stockinger, L.: Zur Struktur und Funktion des Perineuriums. Die Endigungsweise des Perineuriums vegetativer Nerven. Z. Zellforsch. **110**, 386—400 (1970)

Kiesow, F.: Zur Kenntnis der Nervenendigungen in den Papillen der Zungenspitze. Z. Psychol. Physiol. Sinnesorg. **35**, 252—259 (1904)

Knoche, H., Schmitt, G.: Beitrag zur Kenntnis des Nervengewebes in der Wand des Sinus caroticus. I. Mitt. Z. Zellforsch. **63**, 22—36 (1964)

Kobayashi, S., Uehara, M.: Occurence of afferent synaptic complexes in the carotid body of the mouse. Arch. histol. jap. **32**, 193—201 (1970)

Kolb, R., Pischinger, A., Stockinger, L.: Ultrastruktur der Pulmonalisklappe des Meerschweinchens. Z. mikr.-anat. Forsch. **76**, 184—211 (1967)

Kunze, K.: Die Papilla filiformis des Menschen als Tastsinnesorgan. Ergebn. Anat. Entwickl.-Gesch. **41**, Heft 5 (1969)

Kunze, K.: Zur Innervation der Papilla fliliformis der Tigerzunge. Mikroskopie (Wien) **26**, 131—132 (1970)

Kurosumi, K., Kurosumi, U., Suzuki, H.: Fine structure of Merkel cells and associated nerve fibres in the epidermis of certain mammalian species. Arch. histol. jap. **30**, 295—313 (1969)

Loewenstein, W. R., Rathkamp, R.: The sites of mechano-electric conversion in a Pacinian corpuscle. J. gen. Physiol. **41**, 1245—1265 (1958)

Loo, S. K., Kanagasuntheram, R.: Innervation and structure of the snout in the tree shrew. J. Anat. **111**, 253—261 (1972)

Lorenzo, A. J. de: Electron microscopic observations on the taste buds of the rabbit. J. biophys. biochem. Cytol. **4**, 143—150 (1958)

Luciano, L., Reale, E., Ruska, H.: Über eine „chemoreceptive" Sinneszelle in der Trachea der Ratte. Z. Zellforsch. **85**, 350—375 (1968)

Machado, A. B. M.: Electron microscopy of developing sympathetic fibres in the rat pineal body. The formation of granular vesicles. In: Eränkö, O., ed.: Histochemistry of nervous transmission. Progress in Brain Research **34**. P. 171—185. Amsterdam etc.: Elsevier Publ. Comp. 1971

Malinovský, L.: The variability of encapsulated corpuscles in the upper lip and tongue of the domestic cat. Folia morph. (Prague) **14**, 175—191 (1966a)

Malinovský, L.: Variability of sensory corpuscles in the skin of the nose and in the area of sulcus labii maxillaris of the domestic cat. Folia morph. (Prague) **14**, 417—429 (1966b)

Matsuda, H.: Electron microscopic study on the corneal nerve with special reference to its endings. Jap. J. Ophthal. **12**, 163—173 (1968)

Morgenroth, K., Morgenroth, K. jr.: Rasterelektronenmikroskopische Untersuchungen zur Morphologie der Leukoplakie der Mundhöhle. Dtsch. zahnärztl. Z. **25**, 1054—1060 (1970)

Munger, B. L.: The intraepidermal innervation of the snout skin of the opossum. J. Cell Biol. **26**, 79—97 (1965)

Munger, B. L.: The ultrastructure of Herbst and Grandry corpuscles. Anat. Rec. **154**, 391—392 (1968)

Murray, R. G., Murray, A., Fujimoto, S.: Fine structure of gustatory cells in rabbit taste buds. J. Ultrastruct. Res. **27**, 444—461 (1969)

Nafstad, P. H. J.: On the ultrastructure of neuro-epithelial interactions. Z. Zellforsch. **122**, 528—537 (1971)

Nafstad, P. H. J.: On the dermal innervation. Z. Anat. Entwickl.-Gesch. **135**, 337—349 (1972)

Nakai, R.: Supplement to the histological observation on the sensory nerve supply of human tongue. Arch. histol. jap. **20**, 161—178 (1960)

Nemetschek-Gansler, H., Ferner, H.: Über die Ultrastruktur der Geschmacksknospen. Z. Zellforsch. **63**, 155—178 (1964)

Nishi, K., Oura, C., Pallie, W.: Fine structure of Pacinian corpuscles in the mesentery of the cat. J. Cell Biol. **43**, 539—552 (1969)

Orfanos, C.: Elektronenmikroskopische Befunde an epidermisnahen Nervenanteilen. Arch. klin. exp. Derm. **222**, 603—612 (1965a)

Orfanos, C.: Der Aufbau peripherer Nervenfasern der menschlichen Haut. Eine elektronenmikroskopische Studie. Arch. klin. exp. Derm. **223**, 457—477 (1965b)

Orfanos, C.: Elektronenmikroskopischer Nachweis epithelio-neuraler Verbindungen (Mechano-Rezeptoren) am Haarfollikelepithel des Menschen. Arch. klin. exp. Derm. **228**, 421—429 (1967)

Ortmann, R.: Über vasosensoriale Funktionseinheiten. Z. Anat. Entwickl.-Gesch. **118**, 279—301 (1955)

Palay, S. L., Palade, G. E.: The fine structure of neurons. J. biophys. biochem. Cytol. **1**, 69—88 (1955)

Patrizi, G., Munger, B. L.: The cytology of encapsulated nerve endings in the rat penis. J. Ultrastruct. Res. **13**, 500—515 (1965)

Pease, D. C., Quilliam, T. A.: The fine structure of Pacinian corpuscle. J. biophys. biochem. Cytol. **3**, 331—342 (1957)

Pischinger, A.: Über die Zellen des weichen Bindegewebes. Wien. klin. Wschr. **11**, 73—77 (1959)

Pischinger, A.: Theoretische Grundlagen der Herderkrankung. Therapiewoche **15/24**, 1261—1266 (1965)

Plenk, H. jr., Raab, H.: Die Nerven der menschlichen Gingiva. I. Mitteilung. Z. mikr.-anat. Forsch. **81**, 153—181 (1969)

Plenk, H. jr., Raab, H.: Die Nerven der menschlichen Gingiva. II. Mitteilung. Z. mikr.-anat. Forsch. **81**, 473—491 (1970)

Poláček, P.: Die Ultrastruktur des Herbstschen Körperchens im Vergleich mit dem Vater-Pacinischen Körperchen. Sborn. věd. Praci lék. Fak. Hradci Králové **12**, 411—416 (1969a)

Poláček, P.: Zur Frage der Determination der sensiblen Nervenfasern. Sborn. věd. Praci lék. Fak. Hradci Králové **12**, 417—426 (1969b)

Poláček, P., Halata, Z.: Development of simple encapsulated corpuscles in the nasolabial region of the cat. Ultrastructural study. Folia morph. **18**, 359—368 (1970)

Poláček, P., Malinovský, L.: Die Ultrastruktur der Genitalkörperchen in der Clitoris. Z. mikr.-anat. Forsch. **84**, 293—310 (1971)

Poláček, P., Mazanec, K.: Ultrastructure of mature Pacinian corpuscles from mesentery of adult cat. Z. mikr.-anat. Forsch. **75**, 343—354 (1966)

Quilliam, T. A.: Structure of receptor organs. Unit design and array patterns in receptor organs. In: Reuck, A. V. S. de and J. Knight, eds.: Touch, Heat and Pain. P. 86—116. London: J. and A. Churchill LTD 1966

Quilliam, T. A., Armstrong, J.: Mechanoreceptors. Endeavour **22**, 55—60 (1963)

Rein, H.: Über die Topographie der Wärmeempfindung. Z. Biol. **82**, 513—535 (1925a)

Rein, H.: Untersuchung über die Wärmeempfindung der Zunge. Z. Biol. **82**, 545—552 (1925b)

Reutter, K.: Die Geschmacksknospe des Zwergwelses Amiurus nebulosus (Lesueur). Z. Zellforsch. **120**, 280—308 (1971)

Richardson, K. C.: The fine structure of autonomic nerve endings in smooth muscle of the rat vas deferens. J. Anat. (London) **96**, 427—442 (1962)

Richardson, K. C.: The fine structure of the albino rabbit iris with special reference to the identification of adrenergic and cholinergic nerves and nerve endings in its intrinsic muscles. Amer. J. Anat. **114**, 173—205 (1964)

Robertis, E. de: Ultrastructure and cytochemistry of the synaptic region. Science **156**, 907—914 (1967)

Runge, B.: Über die Abhängigkeit der Zahl der reagierenden Kaltpunkte der menschlichen Haut von der Oberflächentemperatur. Pflügers Arch. ges. Physiol. **256**, 34—36 (1952)

Ruska, H., Ruska, C.: Licht- und Elektronenmikroskopie des peripheren neurovegetativen Systems im Hinblick auf die Funktion. Dtsch. med. Wschr. **86**, 1697—1701 (1961a)

Ruska, H., Ruska, C.: Licht- und Elektronenmikroskopie des peripheren neurovegetativen Systems im Hinblick auf die Funktion. (Schluß.) Dtsch. med. Wschr. **86**, 1770—1772 (1961b)

Sakaguchi, H., Watanabe, S.: Scanning electron microscope observation of the surface of a rat's tongue. JEOL (Japan Electron Optics Laboratory) News 7B, 4—10 (1969)

Sala, G.: Untersuchungen über die Struktur der Pacinischen Körperchen. Anat. Anz. **16**, 193—196 (1899)

Saxod, R.: Ultrastructure des corpuscles sensoriels cutanés de Herbst et de Grandry chez le canard. Arch. Anat. micr. Morph. exp. **57**, 379—400 (1968)

Scalzi, H. A.: The cytoarchitecture of gustatory receptors from rabbit foliate papillae. Histochemie **80**, 413—435 (1967)

Seto, H.: Über die intraepithelialen Nerven beim Menschen. II. Die afferenten Nerven im Analepithel nebst einigen Bemerkungen über den histologischen Feinbau der epithelialen Analgebilde. Arb. anat. Inst. Sendai **23**, 133—164 (1940)

Seto, H.: Studies on the sensory innervation, 2nd edit. Tokyo: Izaku Shoin LTD 1963

Shanthaveerappa, T. R., Bourne, G. H.: The "perineural epithelium", a metabolically active, continuous, protoplasmic cell barrier surrounding the peripheral nerve fasciculi. J. Anat. (London) **96**, 527—537 (1962)

Shanthaveerappa, T. R., Bourne, G. H.: The perineural epithelium of sympathetic nerves and ganglia and its relation to the pia arachnoid of the central nervous system and perineural epithelium of the peripheral nervous system. Z. Zellforsch. **61**, 742—753 (1964)

Shimamura, A., Tokunaga, J., Toh, H.: Scanning electron microscopic observations on the taste pores and taste hairs in rabbit gustatory papillae. Arch. histol. jap. **34**, 51—60 (1972)

Sinclair, D.: The nerve endings. In: Cutaneous sensation, p. 35—56 (Sinclair, D., ed.). New York: Oxford University Press 1967

Škach, M., Švejda, J.: Die fadenförmigen Papillen der menschlichen Zunge im Raster-Elektronenmikroskop (Scanning electron microscope). Dtsch. Zahn-, Mund- u. Kieferheilk. **58**, 2—9 (1972)

Skouby, A. P.: Sensitization of pain receptors by cholinergic substances. Acta physiol. scand. **24**, 174—191 (1951)

Skouby, A. P.: The influence of acetylcholine, curarine and related substances on the threshold for chemical pain stimuli. Acta physiol. scand. **29**, 340—352 (1953)

Skramlik, E. von: Die „Lupenwirkung" der Zunge; sind haptisch-optische Vergleiche zulässig? Z. Biol. **109**, 1—13 (1956)

Sonntag, C. F.: The comparative anatomy of the tongues of the mammalia. I. General description of the tongue. Proc. Zool. Soc. (London), 115—129 (1920)

Sonntag, C. F.: The comparative anatomy of the tongues of the mammalia. XII. Summary, classification and phylogeny. Proc. Zool. Soc. (London), 701—762 (1925)

Späth, M.: Verarbeitung der mechanischen und thermischen Information der Rezeptoren in der Fischhaut. Sonderforschungsbereich „Bionach". Symp. „Mechanoreception": Bochum 14.—18. 10. 1973, S. 34—36. Kurzfassung des Vortrages

Spassova, I.: On the structure of encapsulated nerve endings in the tongue of the cat and its functional significance. Z. mikr.-anat. Forsch. **72**, 366—382 (1965)

Stahr, H.: Über die Papillae fungiformes der Kinderzunge und ihre Bedeutung als Geschmacksorgan. Z. Morph. Anthrop. **4**, 199—260 (1901)

Steiger, U.: Über den Feinbau des Neuropils im Corpus pedunculatum der Waldameise. Elektronenoptische Untersuchungen. Z. Zellforsch. **81**, 511—536 (1967)

Stockinger, L.: Nervenabschnitte ohne Perineurium. Acta anat. (Basel) **60**, 244—252 (1965)

Strughold, H.: Die Topographie des Kältesinnes in der Mundhöhle. Z. Biol. **83**, 515—534 (1925)

Sunderland, S., Bardley, K. C.: The perineurium of peripheral nerves. Anat. Rec. **113**, 124—141 (1952)

Suzuki, H., Kurosumi, K.: Fine structure of cutaneous nerve endings in the mole snout. Arch. histol. jap. **34**, 35—50 (1972)

Švejda, J., Janota, M.: Papillae foliatae der menschlichen Zunge. Dtsch. zahnärztl. Z. **27**, 683—692 (1972)

Švejda, J., Škach, M.: Die Zunge der Ratte im Raster-Elektronenmikroskop (Stereoscan). Z. mikr.-anat. Forsch. **84**, 101—116 (1971)

Terashima, S. R.: Structure of warm fiber terminals in the pit membrane of vipers. J. Ultrastruct. Res. **31**, 494—506 (1970)

Thoenen, H., Tranzer, J. P.: Functional importance of subcellular distribution of false adrenergic transmitters. In: Eränkö, O., ed.: Histochemistry of nervous transmission. Progress in Brain Research **34**. P. 223—236. Amsterdam, Barking: Elsevier Publ. Comp. 1971

Tranzer, J. P., Thoenen, H.: Significance of "empty vesicles" in postganglionic sympathetic nerve terminals. Experientia **23**, 123—124 (1967)

Tranzer, J., Thoenen, H.: Various types of amine storing vesicles in peripheral adrenergic nerve terminals. Experientia **24**, 484—486 (1968)

Tsuji, T.: Free nerve endings of the epidermis in hairy and hairless mice. J. invest. Derm. **57**, 247—255 (1971)

Uehara, Y., Hama, K.: Some observations on the fine structure of the frog muscle spindle. (1) On the sensory terminals and motor endings of the muscle spindle. J. Electr. Micr. **14**, 34—42 (1965)

Walter, P.: Die sensible Innervation des Lippen-Nasenbereiches von Rind, Schaf, Ziege, Schwein, Hund und Katze. Zur Frage der Zugehörigkeit von Empfindungsqualitäten zu bestimmten Rezeptoren des Tastsinnes. Z. Zellforsch. **53**, 394—410 (1961)

Whittaker, V. P.: Catecholamines storage particles in the central nervous system. Pharmacol. Rev. 18, 401—412 (1966)

Withear, M.: An electron microscope study of the cornea of the mice with special reference to the innervation. J. Anat. (London) **94**, 387—409 (1960)

Wolf, J.: Plastische Histologie der Zahngewebe. Dtsch. Zahn-, Mund- u. Kieferheilk. **7**, 265—284 (1940)

Yamamoto, H., Okabe, H.: The surface of the tongue of a rat. JEOL (Japan Electron Optics Laboratory). P. 7. April 1969

Zottermann, Y.: Specific action potentials in the lingual nerve of cat. Scand. Arch. Physiol. **75**, 105—125 (1936)

Zottermann, Y.: Die Funktion der Thermorezeptoren. Acta neuroveg. (Wien) **11**, 130—141 (1955)

Zypen, E. van der: Elektronenmikroskopische Befunde an der Endausbreitung des vegetativen Nervensystems und ihre Deutung. Acta anat. (Basel) **67**, 481—515 (1967)

Sachverzeichnis

Advances in Anatomy
Embryology and Cell Biology

Ergebnisse der Anatomie
und Entwicklungsgeschichte

Revues d'anatomie
et de morphologie expérimentale

Editors:
A. Brodal, Oslo · W. Hild, Galveston · J. van Limborgh, Amsterdam
R. Ortmann, Köln · T. H. Schiebler, Würzburg · G. Töndury, Zürich
E. Wolff, Paris

Vol. 50 (Fasc. 1—6)

Springer-Verlag Berlin Heidelberg New York 1974/1975

Inhalt/Contents